环境保护工作的开展及落实研究

杜燃利　王连华　蒋红博　著

吉林科学技术出版社

图书在版编目（CIP）数据

环境保护工作的开展及落实研究 / 杜燃利，王连华，蒋红博著. -- 长春 : 吉林科学技术出版社，2023.3

ISBN 978-7-5744-0190-7

Ⅰ. ①环… Ⅱ. ①杜… ②王… ③蒋… Ⅲ. ①环境保护－环境管理－研究 Ⅳ. ①X3

中国国家版本馆 CIP 数据核字（2023）第 057290 号

环境保护工作的开展及落实研究

著　　杜燃利　王连华　蒋红博
出版人　宛　霞
责任编辑　王运哲
封面设计　树人教育
制　　版　树人教育
幅面尺寸　185mm×260mm
开　　本　16
字　　数　230 千字
印　　张　10.75
印　　数　1-1500 册
版　　次　2023年3月第1版
印　　次　2023年10月第1次印刷

出　　版　吉林科学技术出版社
发　　行　吉林科学技术出版社
地　　址　长春市福祉大路5788号
邮　　编　130118
发行部电话/传真　0431-81629529 81629530 81629531
81629532 81629533 81629534
储运部电话　0431-86059116
编辑部电话　0431-81629518
印　　刷　廊坊市印艺阁数字科技有限公司

书　　号　ISBN 978-7-5744-0190-7
定　　价　65.00元

前　言

环境问题是当今人类面临的最重大的问题之一。自从有人类社会以来，人们为了追求更加美好的生活，加速利用自然改造自然，特别是进入 20 世纪以来，伴随着全球经济的高速增长，人与自然的矛盾更加激化，生态破坏和环境污染已经成为严重的区域性和全球性环境问题，制约着可持续发展。因此探索环境问题的成因、规律、危害、解决环境问题的途径、保护我们赖以生存的生态环境是一项紧迫而又艰巨的任务，也是我们义不容辞的责任。

环境是人类赖以生存的基础，如果肆意破坏环境而不采取有效的解决措施，势必导致人类社会的发展和生存受到威胁。因此，在全新的形势下我国政府必须做好环境保护工作，实现经济与环境的协调发展。

本书对环境保护工作的开展和落实做出详细的研究，首先介绍了资源与环境、环境的修复、环境污染和处理，然后分析了环境保护工作系统和环境管理职能及政策，最后对环境保护工作的开展和落实做出详解，并提出策略。

由于作者水平所限及本书带有一定的探索性，本书的体系可能还不尽合理，书中疏漏之处在所难免，恳请读者和专家批评指正。在此对在本书写作过程中给予帮助的各位同志表示衷心感谢。

目 录

第一章　资源与环境

第一节　自然资源

一、自然资源的概念

自然资源有狭义和广义两种解释。狭义的自然资源只是指可以被人类利用的自然物。广义的自然资源则要延伸到这些自然物所赖以生存的环境、演化的生态环境。最有代表性的广义解释是联合国环境规划署于 1972 年提出的，所谓自然资源是指在一定时间条件下，能够产生经济价值以提高人类当前和未来福利的自然环境因素的总和。

二、自然资源的特点及分类

（一）自然资源的特点

资源是一个历史范畴的概念，随着人类认识水平的提高，会有越来越多的物质成为资源，所以物质资源化和资源潜力的发挥是无限的。但在一定的时空范围和认识水平下，有效性和稀缺性是资源的本质属性。一般自然资源都具有一些共同的特征，主要有如下几方面：

1. 可用性

即资源必须是可以被人类利用的物质和能量，对人类社会经济发展能够产生效益或者价值。如地下埋藏的石油是当今工业社会的主要能源和某些化学工业原料的主要来源。

2. 有限性

是指在一定条件下资源的数量是有限的，而不是取之不尽用之不竭的。即使是太阳，照射到地球的有效辐射也是有限的，人类对其利用的程度更是有限的。如空气，在地球上绝大多数地方是一种可以任意取用的物质，但在特殊的场所、特殊的时间内，空气也会成为非常有限的资源，如潜水员使用的压缩空气、宇宙飞船的密封舱等空气非常稀缺的地方，空气就是一种非常重要而且完全有可能耗尽的资源。

3. 多宜性

即自然资源一般都可用于多种途径，如土地可用于农业、林业、牧业，也可用于工业、交通和建筑等。这是引起行业资源竞争的主要原因之一，同时也是产业结构调整的基础。

4. 整体性

是说自然资源不是独立存在的，而是相互联系、相互影响和相互依赖的复杂整体。一种资源的利用会影响其他资源的利用性能，也受其他资源利用状态的影响。如土地是一个较广泛的概念，它可以包括特定区域空间的水、空气、辐射等多种资源。由于水气资源的质量变化，也会影响到土地资源质量的变化，水资源的缺乏会引起土地生产力的下降。

5. 区域性

自然资源存在空间分布的不均匀性和严格的区域性。虽然从宏观上看全球自然资源是一个整体，但任何一种资源在地球上的分布都不是均匀的，即使是空气也有明显的垂直分布差异，从而也使不同国家或地区都有不同的资源特点。这种资源分布的地域性与不平衡性导致了全球区域性的资源短缺与区域间的资源交换和优势互补。

6. 可塑性

是指自然资源在受到外界有利的影响时会逐渐得到改善，而在不利的干扰下会导致资源质量的下降或破坏。这就为资源的定向利用和保护提供了依据。

因此，在社会经济的发展中必须正确地处理好自然资源利用与保护的关系。对自然资源的过度利用，势必影响资源整体的平衡，使其整体结构和功能以及在自然环境中的生态效能遭到破坏甚至丧失，从而导致自然整体的破坏。因此开发任一项自然资源，都必须注意保护人类赖以生存、生活、生产的自然环境。

（二）自然资源的分类

自然资源的分类是研究自然资源的特点及其对人类社会经济活动影响的基础。为了研究自然资源的可持续利用问题，根据自然资源能否再生将其分为可更新资源和可耗竭资源。

1. 可更新资源

可更新资源（原生性自然资源、可再生资源、继发性资源、非耗竭性资源、无限资源）是能够通过自然力以某一增长率保持或增加蕴藏量的自然资源。例如太阳能、大气、风、降水、气候、森林、鱼类、农作物以及各种野生动植物等随着地球形成及其运动而存在的，基本上是持续稳定产生的。

可更新资源又可分为生物资源和非生物资源，但不管哪一类都可以持续再生、代谢更新。生物资源是自然环境中的有机组成部分，是自然历史的产物，包括各种农作物、林木、牧草、家畜、家禽、水生生物、微生物和各种野生动植物以及由它们组成的各种群体。生物资源不仅为人类提供了大量的肉食、蛋白质和各种药材以及工业原料等，而且是生态系统物质循环和能量流动的基础。当人类的利用速度超过了资源的更新速度时，就会导致可更新量越来越少，自然资源趋于耗竭。因此只有合理地保护自然资源，才能实现对其持续永久的利用。

2. 可耗竭资源

可耗竭资源（次生性自然资源、非继发性自然资源、耗竭性资源、有限资源）是指：假定在任何对人类有意义的时间范围内，资源质量保持不变，资源蕴藏量不再增加的资源。这种自然资源是在地球自然历史演化过程中的特定阶段形成的，质与量是有限定的，空间分布是不均匀的。

耗竭既可看作是一个过程，也可以看作是一种状态。可耗竭资源的持续开采过程也就是资源的耗竭过程。当资源的蕴藏量为零时，就达到了耗竭状态。确切地说当开采成本过高，使市场需求为零时，尽管资源蕴藏量不为零，也可视为资源耗竭。

可耗竭资源按其能否重复使用，又分为可回收的可耗竭资源和不可回收的可耗竭资源。可回收的可耗竭资源——资源产品的效用丧失后，大部分物质还能够回收利用的可耗竭资源。这主要是指金属等矿产资源，如汽车报废后汽车上的废铁可以回收再利用。

不可回收的可耗竭资源——使用过程不可逆，且使用之后不能恢复原状的可耗竭资源。主要指煤、石油、天然气等能源资源，这类资源被使用后就被消耗掉了，如煤燃烧变成热能，热能便消散到大气中，变得不可恢复了。

三、自然资源与环境和人类的关系

自然资源是指在一定的技术经济条件下，现实或可预见的将来能产生生态价值或经济效益，用来提高人类生产水平和生活质量的一切自然物质和自然能量的总和。从这一概念不难看出资源是动态的，它随着人类的认识水平和科技发展而不断地扩展，与人类的需要和利用能力紧密联系。也就是说资源是一个历史范畴的概念，随社会生产力水平和科学技术水平的进步，其内涵与外延不断深化和扩大。随着人类的变迁和认识水平的提高，人类赖以生存、生活和生产的自然环境组成成分，都可以成为自然资源。所以有人认为人们生活所依赖的环境也是一种自然资源。

从自然资源与自然环境的概念可以看到两者具有非常密切的关系。自然环境是人类赖以生存、生活和生产所必需的、不可缺少的而又无须经过任何形式的摄取就可以利用的外界客观物质条件的总和，即直接或间接影响人类的一切自然形成的物质及能量的总体。而自然资源是人类从自然环境因素中，经过特定形式摄取利用于生存、生活和生产所必需的各种自然组成成分。可见自然资源是自然环境的组成部分，它在组成环境整体的结构和功能中，具有特定的作用即生态效能。如森林资源不仅能完成森林生态系统中能量和物质的代谢功能，提供一定的生物产量和产物，还具有涵养水源、保持水土、净化空气、消除噪声、调节气候、保护农田草原、改善环境质量等生态效能。

因此自然资源与自然环境是自然物质条件的两种属性、两个侧面，在一定条件下两者可以相互转化。人类赖以生存、生活和生产所需的土地、土壤、水、森林、野生动植物等自然资源也是在特定条件下人类所需的基本自然物质条件，也就是自然环境。不仅如此，由于现代文明的出现和人类对自然认识的肤浅性和渐进性，导致环境污染和生态破坏日趋严重，为了保护人类生存、生活和生产的环境，人们已逐渐摒弃传统的对环境要素中各种自然因子的放任自流的任意利用，而是将环境因素作为资源加以开发、保护和利用，所以有人将这类环境因素称之为环境资源，如水、大气、土壤等。

资源是经济发展的基础。人类进行生产和消费的内容多种多样，但从根本上都是利用和消耗自然资源。例如人类生活所需的食物是由水、土壤和大气中的二氧化碳、氧气等自然资源通过生态系统对太阳能的转化固定所形成；占地球总生物量近 90% 的森林，既是氧气的重要来源，又是国民经济许多部门的基本生产资料，如木材加工业、造纸业、建筑业等。

在社会生产发展的初级阶段，生产工具的制造完全依赖于自然资源，如石器取之于岩石，木器取之于森林，铜器来源于矿层；人类劳动的对象如土地、动植物体和水等都是自然资源，人类驯化的动物还为人类提供劳动力等。

人类利用自然资源的历史证明，把自然资源看成是取之不尽、用之不竭的观点是错误的，认为可以随心所欲无限制地利用自然资源来发展经济，只会导致自然资源的枯竭和环境的破坏并反过来制约经济的进一步发展，因而这种发展是不可持续的。如森林的大面积滥砍滥伐、草原的过度放牧等都引起了严重的水土流失和生态破坏，不仅制约本地区的经济发展，也给下游地区的生态经济带来严重的不良影响。

大量的事实告诉人们，人类利用自然资源发展经济的同时必须注意保护资源。要把资源的利用与保护统一起来，需防止两种错误倾向：一种是强调经济发展，忽视对自然资源的保护；另一种是过分强调自然资源的保护，而限制了经济的发展。这两种倾向对社会经济的持续发展都是不利的。只有在“保护资源，节约和合理利用资源”“开发利用与保护增值并重”的方针和“谁开发谁保护，谁破坏谁恢复，谁利用谁补偿”的政策下，依靠科技进步挖掘资源潜力，充分提高资源的利用效率，发展资源节约型经济，坚持经济效益、社会效益和生态环境效益相统一的原则，才能实现自然资源的高效持续利用。

四、资源蕴藏量

自然资源的蕴藏量有三个不同的概念，即已探明储量、未探明储量和蕴藏量。

（一）已探明储量

已探明储量是在现有的技术条件下，其资源位置、数量和质量可以得到明确证实的储量。已探明储量可分为：①可开采储量——在目前的经济技术水平下有开采价值的资源；②待开采储量——储量虽已探明，但由于经济技术条件的限制，尚不具备开采价值的资源。

（二）未探明储量

未探明储量是指目前尚未探明但可以根据科学理论推测其存在或应当存在的资源。未探明储量可分为：①推测存在的储量——可据现有科学理论推测其存在的资源；②应当存在的资源——今后由于科学的发展可以推测其存在的资源。

（三）蕴藏量

资源蕴藏量等于已探明储量与未探明储量之和，是指地球上所有资源储量的总和。对于可耗竭资源来说，蕴藏量是绝对减少的；对于可更新资源来说，蕴藏量是一个可变量。这个概念之所以重要是因为它代表着地球上所有有用资源的最高极限。

第二节　自然资源的利用与保护

一、矿产资源的开发利用与保护

矿产是人类社会产生与发展过程中形成的一个概念，是指在目前科技和经济条件下，可供人类开发利用的矿物（矿物质）或其集结体——岩石。《中华人民共和国矿产资源法实施细则》中指出：“矿产资源是指由地质作用形成的，具有利用价值的，呈固态、液态、气态的自然资源”。矿产资源是不可再生的自然资源，一般可分为能源、金属矿物和非金属矿物三大类。

世界上矿产资源分布极不均匀。以黑色金属、有色金属、贵金属和金刚石等固体矿产为例，其资源量主要分布在世界上几个国家或地区。如全球铬矿资源储量的 82%、铂族金属储量的 89% 和黄金储量的 41% 分布在南非，矿储量的 43% 和稀土金属储量的

42% 在我国，铅矿储量的 27% 分布在澳大利亚，铜矿储量的 26% 分布在智利。

我国是世界上为数不多的矿产资源比较丰富，矿种比较齐全配套的国家之一。目前已发现矿产 168 种，探明储量的矿产有 153 种（其中能源矿产 7 种，金属矿产 54 种，非金属矿产 89 种，水气矿产 3 种）。已发现矿床、矿点 20 余万个，如果把某些建筑材料矿产，如花岗岩、砂岩等也包括在内，矿床数量将更多，平均每 10 000 km^2 陆地国土面积有 200 多个矿床、矿点。已发现的油气田 400 余处，固体矿产地约 2 万个。40 多种主要矿产探明储量的潜在经济价值居世界第三位，仅次于苏联和美国。

矿产资源开发面临的最大挑战之一是环境问题。在开发矿产资源取得巨大经济和社会效益的同时，引发的环境污染和生态破坏日趋严重，并呈发展趋势。在世界上一些发达国家在治理与防止由于矿产开发而引起的环境问题方面有明显的进展，在经历了先污染后治理过程后，走向了防止与治理结合的道路。而发展中国家由于经济状况所限，大多是处于以牺牲环境来获取矿产资源，破坏环境的势头有增无减。我国目前也处于这种状态，虽然局部有改善，但总体还在恶化，具体体现在以下几个方面：大气污染严重，酸雨频繁；水位下降，水质恶化；堆积尾矿，挤占土地，污染环境。

矿产资源是人类社会生存和发展的重要物质基础，新中国成立 60 多年来，我国矿产勘查开发取得巨大的成就，探明一大批矿产资源，建成了比较完善的矿产供应体系，矿业作为国民经济的基础产业，提供了我国所需要的 95% 的能源、80% 的工业原材料和 70% 以上的农业生产资料，为支持经济高速发展和满足人民物质生活日益增长的需求提供了广泛的资源保障，做出了重要的贡献。目前我国经济快速、持续、稳定增长，但是高耗费、高排放、高污染、低效率的粗放型经济增长方式并没有得到根本的改变。随着经济规模的迅速扩大，资源消耗速度明显加快，需求迅速增长，资源供需形势日趋严峻，进口依赖程度越来越高，对经济发展的瓶颈制约日益凸显，矿产资源长期粗放式的过度开发，特别是一个时期长期以来的乱采乱挖，使得生态环境脆弱，污染问题突出，资源短缺与严重浪费并存，人口、资源和环境已经成为我国社会经济可持续发展的最重要制约因素。

党在十六届三中全会提出，坚持以人为本，树立全面协调可持续的发展观，这就要求我们在经济社会发展过程中，要充分地考虑人口承担力、资源支撑力、生态环境和社会的承受力，既要考虑当前发展的需要又要考虑未来发展的需要，既要满足当代人的利益又不能够牺牲后代人的利益，既要遵循经济规律又要遵循自然规律，既要讲究经济社会效益又要讲究生态环境效益，要控制人口、节约资源、保护环境，加强生态建设，实现社会经济与人口资源环境相协调。

二、土地资源的利用与保护

土地是最基本的自然资源，是农业的根本生产资料，是矿物质的储存场所，也是人类生活和生产活动的场所以及野生动物和家畜等的栖息所。总之土地是陆地上一切可更新资源都赖以存在或繁衍的场所，因此土地资源的合理利用就成为各种可更新资源的保护中心。

在全球 51 000 万 km^2 的总面积中，陆地占 29.2%，约 14 000 万 km^2，其中还包括南极大陆和其他大陆上高山冰川所覆盖的土地。如果减去这部分长年被冰雪覆盖的土地，则地球上无冰雪的陆地面积约 13 000 万 km^2。其中与人类关系最大的是可耕土地。世界上现有耕地 13.7 亿公顷，约占土地总面积的 10.5%。对于世界居民而言，这些土地无疑是一个巨大的数字。用当前世界总人口 60 亿计，人均占有 2.5 公顷。

考虑到土地的质量属性，则这些数字就得大打折扣了，从农业利用的角度来看，包括土地的地理分布、土层厚度、肥力高低、水源远近、潜水埋深和地势高低、坡度大小等，这些属性对农业生产都有着不同程度的影响。从工矿和城乡建设用地的角度，还要考虑地基的稳定性、承压性能和受地质地貌灾害（火山、地震、滑坡等）、气象灾害（干旱、暴雨、大风等）威胁的程度等。在土地质量诸要素中，还有一个重要的因素即土地的通达性，包括土地离现有居民点的远近以及道路和交通情况等因素，这些因素影响着劳动力与机械到达该土地所消耗的时间和能量。

这样一来，则陆地面积中大约有 20% 处于极地和高寒地区，20% 属于干旱区，20% 为陡坡地，还有 10% 的土地岩石裸露，缺少土壤和植被。这 4 项共占陆地面积的 70%，在土地利用上存在着不同程度的限制因素，即限制性环境。其余 30% 土地限制性较小，适宜于人类居住，称为适居地，也就是可居住的土地，包括可耕地和住宅、工厂、交通、文教和军事用地等。按人均 2.5 公顷的 30% 计算，人均占有 0.75 公顷。在适居地中，可耕地占 60% ~ 70%，折合人均面积为 0.45-0.53 公顷。

我国是土地资源相对贫乏、土地质量较差的国家。国土面积中干旱、半干旱土地大约占一半，山地、丘陵和高原占 66%，平原仅占 34%。而且随着人口的不断增长，工矿、交通、城市建设用地不断增加，人均耕地不断减少。与此同时由于人类不合理的生产活动，致使水土流失严重，土地沙化、盐渍化和草场退化面积不断扩大而损失掉大片的良田。因此合理地利用和保护有限的土地资源是我国社会、经济和生态环境可持续发展的关键。我国土地总面积居世界第三位，但人均土地面积仅为 0.777 公顷，相当于世界人均土地的三分之一。其中耕地面积大约占世界总耕地的 7%。虽然我们用世界上 7% 的耕地养活了 22% 的人口，取得了举世瞩目的成就，但这种情况不可能无休止地维持下去。引起土地资源危机的原因既有自然因素，又有人为影响，但其最主要的因素还是人类不合理的活动，具体体现在以下几个方面：耕地减少、水土流失、土地荒漠化。

1950 ~ 1990 年间，世界人口增加整整一倍，全球人均耕地也恰恰减少一半。这表明全球人口爆炸是构成全球人均耕地减少的主要因素。

水土流失是指土壤在水的浸润和冲击作用下，结构发生破碎和松散，随水流动而散失的现象。在自然条件下，降水所形成的地表径流会冲走一些土壤颗粒。但土壤如果有森林、野草、作物或植物的枯枝落叶等良好覆盖物的保护，则这种流失的速度非常缓慢，使土壤流失的量小于母质层变为土壤的量。在过度砍伐或过度放牧引起植被破坏的地方，水土流失更是逐渐加重。当今世界森林正以每年 1 800 ~ 2 000 万公顷的速度从地球上消失，全世界每年有 260 亿 t 土壤耕作层流失。这种人为的植被破坏是加速水土流失的根本原因。我国水土流失总面积 356 万 km^2，其中水蚀 165 万 km^2，风蚀 191 万 km^2 。在水蚀和风蚀面积中，水蚀风蚀交错区土壤侵蚀面积为 26 万 km^2。按流失强度分，全国轻度水土流失面积为 162 万 km^2，中度为 80 万 km^2，强度为 43 万 km^2，极强度为 33 万 km^2，剧烈为 38 万 km^2。黄河每年流出三门峡的泥沙量为 16 亿 t，个别年份最大输沙量达 26.5 亿 t，在世界上占第一位。

荒漠化是指由于气候变异和人为活动等因素，干旱、半干旱或亚湿润地区的土地退化。根据地表形态特征和物质构成，荒漠化分为风蚀荒漠化、水蚀荒漠化、盐渍化、冻融及石漠化。目前全国荒漠化土地面积超过 262.2 万 km^2 占国土总面积的 27.3%，其中沙化土地面积为 168.9 万 km^2。荒漠化及其引发的土地沙化已成为严重制约我国经济社会可持续发展的重大环境问题。

合理地开发利用土地资源，维持土地数量相对稳定，保持土壤肥力的久用不衰是提高社会经济效益、促进生态良性循环、保证人类生存和发展的千秋大计。

三、水资源的利用与保护

水是人类生活和生产活动不可缺少的重要资源，是经济社会可持续发展的基础。水资源是一种可以更新的自然资源。广义水资源是指地球水圈中多个环节多种形态的水。狭义水资源是指参与自然界的水循环，通过陆海间的水分交换，陆地上逐年可得到更新的淡水资源，而大气降水是其补充源。狭义水资源是人类重点调查评价、开发利用和保护的水资源。

全球总贮水量估计为 13.86 亿 km^3，但其中淡水总量仅为 0.36 亿 km^3 除冰川和冰帽外，可利用的淡水总量不足世界总贮水量的 1%。这部分淡水与人类的关系最密切，并且具有经济利用价值。虽然在较长时间内它可以保持平衡，但在一定时间、空间范围内，它的数量却是有限的，并不像人们所想象的那样可以取之不尽用之不竭。

地球上各种形态的水都处在不断运动与相互转换之中，形成了水循环。水循环直接涉及自然界中一系列物理、化学和生物过程，对于人类社会的生产、生活以及整个地球生态都有着重要意义。

传统意义上的水循环即水的自然循环，它是指地球上各种形态的水在太阳辐射和重力作用下，通过蒸发、水汽输送、凝结降水、下渗、径流等环节不断发生相态转换的周而复始的运动过程。

水是关系人类生存发展的一项重要资源。人类社会为了生产、生活的需要，抽取附近河流、湖泊等水体，通过给水系统用于农业、工业和生活。在此过程中，部分水被消耗性使用掉，而其他则成为污水、废水，需要通过排水系统妥善处理和排放。给水系统的水源和排水系统的受纳水体大多是邻近的河流、湖泊或海洋，取之于附近水体，还之于附近水体，形成另一种受人类社会活动作用的水循环，这一过程相对于水的自然循环而言称之为水的社会循环。之所以称之为“循环”，是从天然水的资源效能角度而言的，它使附近水体中的水多次更换，多次使用，在一定的空间和一定的时间尺度上影响着水的自然循环。

千百年来，在人们的认识中水是取之不尽、用之不竭的天然源泉，因而没有引起人们的充分重视和爱惜，肆意污染和浪费。但近年来，越来越多的人已经警觉到，水资源并不像想象的那么丰富，目前这种不可持续的水资源利用方式已经对许多地区的人类生活、经济发展和生态环境造成严重的不利影响。

据联合国最近几年的统计显示：全世界淡水消耗自 20 世纪初以来增加了 6 ~ 7 倍，比人口增长速度高 2 倍。目前世界上有 80 个国家约 15 亿人严重的淡水不足，其中 26 个国家 3 亿多人口完全生活在缺水状态之中，据专家们估计，在 2000 年，大约 30 个国家的淡水资源短缺占全世界 20% 的人口面临水资源短缺问题，到 2025 年，将会有大约 50 个国家的淡水资源短缺占全世界 30%（即 23 亿人）的人口面临淡水危机。在淡水消费增长的同时，淡水资源污染也日益严重。

我国水资源总量为 $2.8 \times 10^{12} m^2$（居世界第六位），但人均水量只有 2 300m^3 左右，约为世界人均水量的四分之一（居世界第八十几位），许多地区已出现因水资源短缺影响人民生活、制约经济发展的局面。20 世纪 80 年代以来由于社会经济的高速发展，气候持续干旱，污染日益严重，中国不少地区出现了不断加剧的水资源短缺问题，特别是在北方及部分沿海地区，水资源的供需矛盾十分突出，已成为制约经济和社会发展的重要因素。

人类避免水资源危机所采取的行动主要有以下几方面：①控制人口增长；②改变观念，循环用水；③运用高新技术；④兴修水利，拦洪蓄水，植树造林，含蓄水源；⑤发展水产淡水业。

四、森林资源的利用与保护

森林是由乔木或灌木组成的绿色植物群体，是整个陆地生态系统中的重要组成部分，是自然界物质和能量交换的重要枢纽，对于地面、地下和空间的环境都有多方面的影响。森林是一种极重要的自然资源，其中拥有大量的生物资源，是地球上蕴藏最丰富的生物群落，是巨大的遗传资源库。森林本身是陆地生态系统中面积最大、结构最复杂、功能最稳定、生物总量最高的生态系统。它对整个陆地生态系统有着决定性的影响。

世界森林历史上曾达到过 76 亿公顷，覆盖着三分之二的陆地，直到 1862 年降到 55 亿公顷。目前地球上有五分之一的地面为森林所覆盖，总面积 40.8 亿公顷，总蓄积 3 100 亿 m^3、每年能生产 23 亿 m^3 木材。据国内外的经验，一个较大的国家和地区，其森林覆盖率达到 30% 以上，而且分布比较均匀，那么这个国家或地区的自然环境就比较好，农牧业生产也就比较稳定。当今世界由于人类不合理的利用，滥砍滥伐森林，严重地破坏了人类赖以生存的环境。全世界森林正以每年 1 800—2 000 万公顷的速度消失，据世界粮农组织卫星测定，热带雨林现仅剩 9 亿公顷。

据中国环境公报，我国现有林业用地 26 300 万公顷，森林面积 15 900 万公顷，活立木蓄积量 1 248 800 万 m^3，森林蓄积量 1 126 700 万 m^3。森林覆盖率为 16.55%，比世界平均水平低 10.45%；全国人均占有森林面积为 0.128 公顷，相当于世界人均森林面积的 1/5；人均蓄积量为 9.048 m^3，只有世界人均蓄积量的 1/8。与前一次全国森林资源清查结果相比，森林面积、蓄积量继续保持双增长，林木的生长量大于消耗量。

森林除了给人类提供大量的直接产品外，在维护生态环境方面的功能十分突出，主要表现在以下几个方面：①涵养水源和保持水土；②吸收 CO_2，放出 O_2；③吸收有毒有害气体和监测大气污染；④驱菌和杀菌；⑤阻滞粉尘和减低噪声；⑥保护野生生物和美化环境；⑦防风固沙；⑧调节气候。

我国林业发展的总战略即总任务是：切实保护和经营好现有森林；大力造林、育林、扩大森林资源；永续、合理利用森林资源；充分发挥森林的多种功能和效益，逐步满足社会主义建设和人民生产生活的需要。

五、生物资源的利用与生物多样性保护

（一）生物资源的概念及其特性

生物资源通常指植物、动物和微生物，即可供人类利用的一切生命有机体的总和。

生物资源不同于其他自然资源有其特殊的性质，因而在整个自然资源中起着桥梁的作用并占据中心地位。生物资源与非生物资源的本质区别在于生物资源可以不断自然更

新和人为扩大繁殖，而非生物资源则不能。利用生物资源的这一特性，就必须保护生物资源本身不断更新的生产能力，从而才有可能达到长期利用的目的。

生物资源都具有一定的地域性，即每一种生物都有其或大或小的特定的生长地理范围，而在植物里面表现得尤为突出。如巴西橡胶、可可只能在湿热带生长；瓜尔豆、牛油树只有在干热带方能生长良好；贝母、黄连只适应高海拔地区等。

生物具有遗传潜力的基因，存在于该种生物的种群之中，任何生物个体不能代表其种群的基因库。各种危及物种生存和繁殖的因素容易引发物种世代顺序的断裂，而种群的个体数减少到一定限度时该生物的遗传基因便有丧失的危险，最终导致物种的解体。而物种的解体也就是资源的解体，因为物种绝种之后是不可能再造的。

生物与环境之间是相互作用的，它们一方面受制于环境因素，另一方面又影响这些环境因素。植物在这方面的作用尤为显著。组成土壤有机物质的大部分是植物的产物；植物组成的植被具有保持水土、调节气候的作用。森林植被的恒温恒湿作用、涵养水源作用和巨大的热容量，具有保护农业生产和稳定生态环境的特殊作用。由于森林植被的破坏而造成区域气候诸要素的明显不利变化早已成为全球面临的严峻问题。

生物资源中的植物资源又有其独到之处，能直接利用太阳能，并将太阳能转换为化学能加以储存，在一定条件下释放出来或转变为热能。部分光合自养性微生物也有此功能。

（二）生物资源的利用

人类文明的早期，原始人利用生物资源主要是为了果腹，提供能量，生存繁衍。这类生物资源可归类为食用生物资源，主要有淀粉、糖料、蛋白质、油脂等各类。这类开发利用目前仍旧是人类对生物资源需求和重点研究的一个主要方面。

随着文明的发展，人们在长期与自然打交道的过程中，发现了一些动植物具有治疗某些疾病的作用，并开始了有意识的深入研究，因而利用生产资源的进程几乎同时进入了另一个阶段，所以可以说食药同源。我国对药物的利用历史源远流长，为世界医药作出了巨大贡献。在微生物中多种抗生素的发现，开创了这方面生物资源开发利用的新纪元。

在人类文明的一定阶段生物资源在工业方面不同程度、不同规模地得到利用。但真正大规模集约化利用生物资源，还是近代工业革命之后的事。资本主义市场的不断扩大，对各种资源的需求也随之加剧。工业化对生物资源的利用目前已达到无以复加的地步，极大地改变了我们这个星球的面貌。对木材、造纸原料的需求就是一个很好的例证。近百年间，橡胶从热带雨林中原始部族中的小儿玩具一跃而成为工业重要原料和战略物资也是如此。而由于大量砍伐木材和毁林植胶已使热带雨林急剧萎缩，这不仅使区域气候诸要素发生显著的变化，也使全球生态系统产生不可逆转的不利变化。目前利用集约化生物工程求得最大限度的商业利润已成为工业利用生物资源的一个崭新领域，也是解决人类迫在眉睫的资源危机的新世纪曙光。

人类在文明的成长过程中，审美意识逐渐增强逐步懂得利用生物资源美化环境，历史悠久的名贵花木、艳丽贝壳的室内装饰就是很好的例证。懂得利用生物资源进行环境改造则是人们在长期的生产实践中逐步摸索出来的，如利用植物防风固沙、改良环境、固氮增肥、改良土壤等。真正具有环保眼光，有意识地合理利用这一套生物资源则是比较近代的事物，如利用生物进行环境监测和抗污染等。这是生物科学发展到一定程度后开始的利用生物资源的一个高级历史进程。根据遗传学观点，每个物种都有自己的遗传特性；不同的遗传特性均应视为不同的种质。生物种质资源主要是指有用生物的种质资源。各种有用生物均隶属于相应分类等级的科、属、种，往往具有大量的近缘属种。长期栽培的植物、驯化的动物和有用微生物菌株，由于人为地定向培育皆具不同程度的特性，与其野生类型和不同区域形成的变型相比，往往具有不同程度的特性，构成了生物种质资源多样性的一个方面。

收藏并研究这些种质资源，对人类十分有益。国际上很多研究中心、机构都建立了各种相应的收藏种质资源的“种子库”或“种子银行”“精卵库”“细胞库”“菌株库”乃至分子水平的“基因库”，利用不同种质进行杂交，以期获得满足人们不同需求的新品种，获得了各种成功。特别是目前以 DNA 克隆、杂交、定向移植、异体表达等新技术为标志的生物基因工程的应用，在生物种质资源的收藏、研究和利用方面显示出极富魅力的前景。然而由于植被的破坏和环境的恶化，当今世界种质的损失日趋严重，种质的消失是不能再造的。国际上十分重视生物种质的保护，成立了许多机构并且提出了相应的行动纲领。

（三）生物多样性的保护

生物多样性是指活的有机体（包括植物、动物、微生物）的种类、变异及其生态系统的复杂性程度，它通常包含三个不同层次的多样性：一是遗传多样性，它是指遗传信息的总和，包含栖居于地球的植物、动物和微生物个体的基因；二是物种多样性，是指地球上生命有机体的多样化，估计在 500—5 000 万种之间；三是生态系统的多样性，与生物圈中的环境、生物群落和生态过程的多样化有关，也与生态系统内部由于生态环境的差异和生态过程的多样化所引起的极其丰富的多样化有关。

生物多样性的重要性体现在以下几方面：①为人类提供食物来源。人类的主要食物即农作物、家禽、家畜均源自野生祖型。②为人类提供药物来源。发展中国家 80% 的人依靠野生动植物来源的药物治病，发达国家 40% 以上的药物依靠自然资源。③为人类提供各种工业原料。如木材、纤维、橡胶、造纸原料、天然淀粉、油脂等。④生物多样性保存了物种的遗传基因。为人类繁殖良种提供了遗传材料，用它作为外源基因可培养出更多、更有价值的生物新品种。⑤生物多样性为维护自然界生态平衡、保持水土、促进重要营养元素的物质循环等方面起着重要作用。

生物多样性的保护方法分为四种：一是就地保护，大多是建立自然保护区，比如卧龙大熊猫自然保护区等；二是迁地保护，大多转移到动物园或植物园，比如水杉种子带到南京的中山陵植物园种植等；三是开展生物多样性保护的科学研究，制定生物多样性保护的法律和政策；四是开展生物多样性保护方面的宣传和教育。

其中最重要的是就地保护，可以免去人力、物力和财力消耗，对人和自然都有好处。就地保护利用原生态的环境使被保护的生物能够更好地生存，不用再花时间去适应环境，能够保证动物和植物原有的特性。

政府有关部门重视对生物资源的有效保护。2003 年 1 月中国科学院倡导启动一项濒危植物抢救工程，计划在 15 年内将所属 12 个植物园保护的植物种类从 1.3 万种增加到 2.1 万种，并建立总面积为 458 km^2 的世界最大的植物园。此项工程中用于收集珍稀濒危植物的资金达 3 亿多元，将以秦岭、武汉、西双版纳和北京等地为中心建设基因库。

拯救濒危野生动物工程也初见成效，全国已建立 250 个野生动物繁育中心，专项实施大熊猫、朱鹮等七大物种拯救工程。目前被视为中国“国宝”，也被称为动物“活化石”的大熊猫野生种群数量保持在 1 000 只以上，生存环境继续得到良好改善；朱鹮种群数量由 7 只增加到 250 只左右，濒危状况得以进一步缓解；扬子鳄的人工饲养数量接近 1 万条；海南坡鹿由 26 只增加到 700 多只；遗鸥种群数量由 2 000 只增加到 1 万多只；难得一见的老虎也不时在东北、华东和华南地区现身；对白暨豚人工繁殖的研究正在加速进行，由于坚持不懈地打击盗猎，再加上国际社会多个动物保护组织的配合，曾遭受疯狂非法屠杀致使其数量急剧下降的藏羚羊得以休养生息，目前数量稳定在 7 万只左右。

六、海洋资源的利用与保护

海洋约占地球面积的 71%，贮水量为 13.7 亿 km^3，占地球总水量的 77.2%。它不仅起着调节陆地气候和为人类提供航行通道的作用，而且蕴藏着丰富的资源。自从人类出现以来，海洋就成为人类获取资源的宝库。人类对海洋的开发和利用越来越受到重视。海洋中一切可被人类利用的物质和能量都叫海洋资源，预计在 21 世纪海洋将成为人类获取蛋白质、工业原料和能源的重要场所。

海洋中有 80 余种元素，尤其是 Na+、K+、C-、I-、Br- 等元素非常丰富，每立方千米海水中含氯化钠 12 000 多万吨，据预测如果将渤海海水中的氯化钠全部提取出来足有 583 亿 t，够 10 亿人吃 10 万年。在 1 000 t 海水中，可提取 32 t 食盐、3 t 氢氧化镁、4 t 芒硝、0.5 t 钾、65 g 溴、26 g 硼、3 g 铀、170 g 锂，所制得的食盐是化工上制取纯碱、烧碱、盐酸、氯及各种氯化物的原料。镁在海水中的含量也很高，浓度可达 1.29 g/m^3，仅次于氯和钠，居第三位。海盐产量高的国家多利用制盐的苦卤（MgCl2）生产各种镁化物（生产 1 t 食盐可得 0.5 t 苦卤），或直接从海水中提取镁盐。镁和镁盐是工业和国防上的重要原料，主要用于铝镁合金、照相材料、镁光弹、焰火、制药和钙镁磷肥料等。

海底石油的中国大陆架藏量尤为丰富。因受太平洋板块和欧亚板块挤压的应力作用，中国的大陆架都属陆缘的现代凹陷区，在中新生代发育了一系列的断裂带，形成许多沉积盆地。中国大陆长江、黄河、珠江等大河挟带大量有机质泥沙入海，使这些盆地形成几千米厚的沉积层，伴随地壳构造运动产生大量热能加速有机物转化为石油，成为今天的大陆架油气田。自北向南由渤海起经黄海、东海至冲绳、台西南、珠江口、琼东南、北部湾、曾母暗沙等 16 个以新生代沉积物为主的中新生代沉积盆地，这些中国大陆架盆地面积之广、沉积物之厚、油气资源之丰富在各大洋中是少见的。据估计中国近海石油与中国陆地石油储量相当约 40 亿 ~ 150 亿 t（300 亿 ~ 1 120 亿桶）。其中渤海、黄海各为 7.47 亿 t（56 亿桶）、东海为 17 亿 t（128 亿桶）、南海（包括台湾海峡）为 11 亿 t（80 亿桶），钓鱼岛周围东海大陆架海域亦储藏丰富的石油，据估计有几十亿吨。

在滨海的砂层中，因长期经受地壳运动和海水筛分作用，为形成各种金属和非金属矿床创造了有利条件，常蕴藏着大量的金刚石、砂金、砂铂、石英以及金红 石、锆石、独居石、钛铁矿等稀有矿物，因为它们在滨海地带富集成矿，所以称“滨海砂矿”。近几十年内发现并开采的深海锰矿，是一种含 Mn、Fe、Cu、Ni、C 等二十几种金属元素经济价值很高的矿瘤，地质学家称之为锰结核矿，是一种含锰品位很高的富矿。它在大洋海底，据测算仅太平洋底就有数千亿吨，它所含的锰矿，按目前消耗水平，以每年 140 乘 10 计算可以供应 14 万年。

汹涌澎湃的海洋永远不会停息，真正拥有用之不竭的动力资源。目前正在研究利用的海洋动力资源有潮汐发电、海浪发电、温差发电、海流发电、海水浓差发电和海水压力差的能量利用等通称为海洋能源。其中潮汐发电应用较为普遍，并具有较大规模的实用意义。

中国沿海和近海的海洋能蕴藏量估计为 10.4 亿 kW，其中潮汐能 1.9 亿 kW、海浪能 1.5 亿 kW、温差能 5.0 亿 kW、海流能 1.0 亿 kW、盐差能 1.0 亿 kW0 可开发利用的装机容量潮汐能为 2 000 万 kW，海浪能为 3 000 万 ~ 3 500 万 kW。海洋能与其他能源比较，具有资源丰富、不会污染、占地少、可综合利用等优点。它的不足之处是密度小、稳定性差、设备材料及技术要求高、开发利用工艺复杂、成本高等。然而因为石化燃料和煤等不可再生能源对环境污染造成严重的挑战，所以海洋可再生能源的开发利用是人类新能源开发的曙光。

海洋的污染是由于人类的活动改变了海洋原来的状态，使人类和生物在海洋中的各种活动受到不利的影响。由于海水水量之巨大和海浪波涛之汹涌，一般的污染在大洋中容易驱散，通过大海得到自净。同时因为海洋容量非常大，以至包括海洋深层的海水循环一周需要数百年，因此海洋遭受的重型污染影响海洋机能所潜在的危机可能暂不易发生，一旦出现问题可能就非人类力量所能解决的了。海洋污染的主要表现有赤潮、黑潮和原油泄漏造成海湾大面积污染。

20 世纪中期，从 1954 年《国际防止海上油污公约》开始到目前已建立了为数众多的公约，但迄今为止真正履行仍然非常困难。近年来海上巨型油轮事故泄漏原油使海洋生态遭受严重污染的事件不断发生。近十年来的海湾战争大量原油流入海洋等已使人触目惊心。所以海洋环境生态保护确实任重道远，国与国之间在公海发生大片油污染事件连国际法庭也望油兴叹！但即使如此国际公约还是目前保护海洋生态环境的唯一出路。

第三节 能源与环境

一、能源的分类

能源的种类繁多，随着能源研究的发展和技术的进步，更多新型的能源被开发利用，使得能源种类在不断增加。能源的分类有许多形式。世界能源委员会推介的能源分类为：固体燃料、液体燃料、水能、核能、电能、太阳能、生物质能、风能、海洋能和地热能等。

（一）固体燃料

固体燃料是呈固态的化石燃料、生物质燃料及其加工处理所得的固态燃料，能产生热能或动力的固态可燃物质，大多含有碳或碳氢化合物。天然的有木材、泥煤、褐煤、烟煤、无烟煤、油页岩等。经过加工而成的有木炭、焦炭、煤砖、煤球等。此外还有一些特殊品种，如固体酒精、固体火箭燃料。与液体燃料或气体燃料相比，一般固体燃料燃烧较难控制，效率较低，灰分较多。可直接作燃料，也可用做制造液体燃料和气体燃料的原料或化工产品的原料。

（二）液体燃料

液体燃料是在常温下为液态的天然有机燃料及其加工处理所得的液态燃料，能产生热能或动力的液态可燃物质 . 主要含有碳氢化合物或其混合物。天然的有天然石油或原油。加工而成的有由石油加工而得的汽油、煤油、柴油、燃料油等，用油页岩干馏而得的页岩油，以及由一氧化碳和氢合成的人造石油等。液体的燃料相比固体燃料有以下优点：①比具有同量热能的煤约轻 30%，所占空间约少 50%；②可贮存在离炉子较远的地方，贮油柜可不拘形式，贮存便利还胜过气体燃料；③可用较细管道输送，所费人工也少；

④燃烧容易控制；⑤基本上无灰分。液体燃料用于内燃机和喷气机等。同时可用做制造油气和增碳水煤气的原料，也可用做有机合成工业的原料。

固体煤变成油通常有直接液化和间接液化两种方法。煤的直接液化又称"加氢液化"，主要是指在高温高压和催化剂作用下，对煤直接催化加氢裂化，使其降解和加氢转化为液体油品的工艺过程；煤的间接液化是先将煤气化，生产出原料气，经净化后再进行合成反应，生成油的过程。煤直接液化就是用化学方法，把氢加到煤分子中，提高它的氢碳原子比。在煤直接液化过程中，催化剂是降低生产成本和降低反应条件苛刻度的关键。

（三）水能

水能是天然水流蕴藏的位能、压能和动能等能源资源的统称。采用一定的技术和措施，可将水能转变为机械能或电能。水能资源是一种自然能源，也是一种可再生资源。构成水能资源的最基本条件是水流和落差（水从高处降落到低处时的水位差）；流量大，落差大，所包含的能量就大，即蕴藏的水能资源大。全世界江河的理论水能资源为 48.2 万亿 kW · h/a，技术上可开发的水能资源为 19.3 万亿 kW · h。中国的江河水能理论蕴藏量为 6.91 亿 kW · h/a，每年可发电 6 万多亿 kW · h，可开发的水能资源约 3.82 亿 kW · h，年发电量 1.9 万亿 kW · h。水能是清洁的可再生能源，但和全世界能源需求量相比，水能资源仍很有限。

（四）核能

核能是由于原子核内部结构发生变化而释放出的能量。核能通过三种核反应之一释放：①核裂变，打开原子核的结合力；②核聚变，原子的粒子熔合在一起；③核衰变，自然的慢得多的裂变形式。核聚变是指由质量小的原子，在一定条件下（如超高温和高压）发生原子核互相聚合作用，生成新的质量更重的原子核，并伴随着巨大的能量释放的一种核反应形式。原子核中蕴藏巨大的能量，原子核的变化（从一种原子核变化为另外一种原子核）往往伴随着能量的释放。如果是由重的原子核变化为轻的原子核，叫核裂变，如原子弹爆炸；如果是由轻的原子核变化为重的原子核，叫核聚变，如太阳发光发热的能量来源。相比核裂变，核聚变几乎不会带来放射性污染等环境问题，而且其原料可直接取自海水中，来源几乎取之不尽，是理想的能源方式。

（五）电能

电能是表示电流做多少功的物理量，指电以各种形式做功的能力（所以有时也叫电功）。它分为直流电能和交流电能，这两种电能均可相互转换。电能是无限能源。日常生活中使用的电能主要来自其他形式能量的转换，包括水能（水力发电）、内能（俗称热能，火力发电）、原子能（原子能发电）、风能（风力发电）、化学能（电池）及光能（光电池、太阳能电池等）等。电能也可转换成其他所需能量形式。它可以通过有线或无线的形式做远距离的传输。

（六）太阳能

太阳能是太阳以电磁辐射形式向宇宙空间发射的能量，是太阳内部高温核聚变反应所释放的辐射能，其中约二十亿分之一到达地球大气层，是地球上光和热的源泉。自地球形成生物就主要以太阳提供的热和光生存，而自古人类也懂得以阳光晒干物件并作为保存食物的方法，如制盐和晒咸鱼等。但在化石燃料减少情况下，才有意把太阳能进一步发展。太阳能的利用有被动式利用（光热转换）和光电转换两种方式。太阳能发电是一种新兴的可再生能源。广义上的太阳能是地球上许多能量的来源，如风能、化学能、水的势能等。

（七）生物质能

生物质能是绿色植物通过叶绿素将太阳能转化为化学能存储在生物质内部的能量。它直接或间接地来源于绿色植物的光合作用，可转化为常规的固态、液态和气态燃料，取之不尽，用之不竭，是一种可再生能源，同时也是唯一一种可再生的碳源。生物质能的原始能量来源于太阳，所以从广义上讲，生物质能是太阳能的一种表现形式。有机物中除矿物燃料以外的所有来源于动植物的能源物质均属于生物质能，通常包括木材、森林废弃物、农业废弃物、水生植物、油料植物、城市和工业有机废弃物、动物粪便等。地球上的生物质能资源较为丰富，而且是一种无害的能源。地球每年经光合作用产生的物质有 1 730 亿 t，其中蕴含的能量相当于全世界能源消耗总量的 10 ~ 20 倍，但目前的利用率不到 3%。

（八）风能

风能是空气流动所具有的能量。由于地面各处受太阳辐照后气温变化不同和空气中水蒸气的含量不同，因而引起各地气压的差异，在水平方向高压空气向低压地区流动，即形成风。风能资源取决于风能密度和可利用的风能年累积小时数。风能密度是单位迎风面积可获得的风的功率，与风速的三次方和空气密度成正比关系。据估算全世界的风能总量约 1 300 亿 kW，中国的风能总量约 16 亿 kW。

（九）海洋能

海洋能是蕴藏在海洋中的可再生能源，包括潮汐能、波浪能、海流及潮流能、海洋温差能和海洋盐度差能。海洋通过各种物理过程接收、储存和散发能量，这些能量以潮汐、波浪、温度差、盐度梯度、海流等形式存在于海洋之中。地球表面积约为 5.1×108 km^2

其中陆地表面积为 1.49 × 108 km²；海洋面积达 3.61 × 108 km²。以海平面计，全部陆地的平均海拔约为 840 m，而海洋的平均深度却为 380 m，整个海水的容积多达 1.37 × 109 km³。一望无际的大海，不仅为人类提供航运、水源和丰富的矿藏，而且还蕴藏着巨大的能量，它将太阳能以及派生的风能等以热能、机械能等形式蓄在海水里，不像在陆地和空中那样容易散失。海洋能有三个显著特点：①蕴藏量大，并且可以再生不绝。②能流的分布不均、密度低。③能量多变、不稳定。

（十）地热能

地热能即地球内部隐藏的能量，是驱动地球内部一切热过程的动力源，其热能以传导形式向外输送。地球内部的温度高达 7 000℃，而在 80 ～ 100 km 的深度处，温度会降至 650 ～ 1 200℃。透过地下水的流动和熔岩涌至离地面 1 ～ 5 km 的地壳，热力得以被转送至较接近地面的地方。高温的熔岩将附近的地下水加热，这些加热了的水最终会渗出地面。运用地热能最简单和最合乎成本效益的方法，就是直接取用这些热源，并抽取其能量。地热能是可再生资源。地热发电实际上就是把地下的热能转变为机械能，然后再将机械能转变为电能的能量转变过程。目前开发的地热资源主要是蒸汽型和热水型两类。

二、世界能源消费现状和趋势

能源是人类社会发展的重要基础资源。随着世界经济的发展、世界人口的剧增和人民生活水平的不断提高，世界能源需求量持续增大，导致对能源资源的争夺日趋激烈、环境污染加重和环保压力加大。近几年出现的“油荒”“煤荒”和“电荒”以及前一阶段国际市场高油价加重了人们对能源危机的担心，促使人们更加关注世界能源的供需现状和趋势，也更加关注中国的能源供应安全问题。

（一）世界能源消费现状及特点

1. 受经济发展和人口增长的影响，世界一次能源消费量不断增加

随着世界经济规模的不断增大，世界能源消费量持续增长。1990 年世界国内生产总值为 26.5 万亿美元（按 1995 年不变价格计算），2000 年达到 34.3 万亿美元，年均增长 2.7%。根据多年《BP 世界能源统计》世界一次能源消费量仅为 57.3 亿 t 油当量，2003 年为 97.4 亿 t 油当量，2010 年已达到 120.02 亿 t 油当量，过去近 40 年来世界能源消费量年均增长率为 1.9% 左右。

2. 世界能源消费呈现不同的增长模式，发达国家增长速率明显低于发展中国家

过去几十年来，北美、中南美洲、欧洲、中东、非洲及亚太等六大地区的能源消费

总量均有所增加，但是经济、科技比较发达的北美洲和欧洲两大地区的增长速度非常缓慢，其消费量占世界总消费量的比例也逐年下降。其主要原因有两点，一是发达国家的经济发展已进入到后工业化阶段，经济向低能耗、高产出的产业结构发展，高能耗的制造业逐步转向发展中国家；二是发达国家高度重视节能与提高能源使用效率。

3. 世界能源消费结构趋向优质化，但地区差异仍然很大

自 19 世纪 70 年代的产业革命以来化石燃料的消费量急剧增长。初期主要是以煤炭为主，进入 20 世纪以后，特别是 20 世纪 50 年代以来，石油和天然气的生产与消费持续上升，石油于 20 世纪 60 年代首次超过煤炭，跃居一次能源的主导地位。虽然 20 世纪 70 年代世界经历了两次石油危机，但世界石油消费量却没有丝毫减少的趋势。此后石油、煤炭所占比例缓慢下降，天然气的比例上升。同时，核能、风能、水力、地热等其他形式的新能源逐渐被开发和利用，形成了目前以化石燃料为主和可再生能源、新能源并存的能源结构格局。

由于中东地区油气资源最为丰富、开采成本极低，故中东能源消费的 97% 左右为石油和天然气，该比例明显高于世界平均水平，居世界之首。在亚太地区，中国、印度等国家煤炭资源丰富，煤炭在能源消费结构中所占比例相对较高，其中中国能源结构中煤炭所占比例高达 68% 左右，故在亚太地区的能源结构中，石油和天然气的比例偏低（约为 47%），明显低于世界平均水平。除亚太地区以外，其他地区石油、天然气所占比例均高于 60%。

4. 世界能源资源仍比较丰富，但能源贸易及运输压力增大

根据《BP 世界能源统计 2010》，2010 年年底全世界剩余石油探明可采储量为 1 888.8 亿 t，同比增长 0.5%。其中中东地区占 55%，北美洲占 5%，中、南美洲占 17%，欧洲占 10%，非洲占 10%，亚太地区占 3%。中东地区需要向外输出约 8.8 亿 t，非洲和中南美洲的石油产量也大于消费量，而亚太、北美和欧洲的产销缺口却很大。

煤炭资源的分布也存在巨大的不均衡性。2010 年年底世界煤炭剩余可采储量为 8 609 亿 t，储采比高达 192（年），欧洲、北美和亚太三个地区是世界煤炭主要分布地区，三个地区合计占世界总量的 92% 左右。同期天然气剩余可采储量为 187.1 万亿 km^3，储采比达到 59%。中东和东欧地区是世界天然气资源最丰富的地区，两个地区占世界总量的 71.8%，而其他地区的份额仅为 2% ~ 8%。随着世界一些地区能源资源的相对枯竭，世界各地区及国家之间的能源贸易量将进一步增大，能源运输需求也相应增大，能源储运设施及能源供应安全等问题将日益受到重视。

（二）世界能源供应和消费趋势

根据美国能源信息署（EIA）最新预测结果，随着世界经济社会的发展，未来世界

能源需求量将继续增加，2020 年世界能源需求量将达到 128.89 亿 t 油当量，预计 2025 年将达到 136.50 亿 t 油当量，年均增长率为 1.2%。欧洲和北美洲两个发达地区能源消费占世界总量的比例将继续呈下降的趋势，而亚洲、中东、中南美洲等地区将保持增长态势。伴随着世界能源储量分布集中度的日益增大，对能源资源的争夺将日趋激烈，争夺的方式也更加复杂，由能源争夺而引发冲突或战争的可能性依然存在。

随着世界能源消费量的增大，二氧化碳、氮氧化物、灰尘颗粒物等环境污染物的排放量逐年增大，化石能源对环境的污染和全球气候的影响将日趋严重。据 EIA 统计，1990 年世界二氧化碳的排放量约为 215.6 亿 t，2001 年达到 239.0 亿 t，预计 2025 年将达到 371.2 亿 t，年均增长 1.85%。

面对以上挑战，未来世界能源供应和消费将向多元化、清洁化、高效化、全球化和市场化方向发展。

1. 多元化

世界能源结构先后经历了以薪柴为主、以煤为主和以石油为主的时代，现在正在向以天然气为主转变的同时，水能、核能、风能、太阳能也正得到更广泛的利用。可持续发展、环境保护、能源供应成本和可供应能源的结构变化决定了全球能源多样化发展的格局。天然气消费量将稳步增加，在某些地区，燃气电站有取代燃煤电站的趋势。未来在发展常规能源的同时，新能源和可再生能源将受到重视。2003 年初英国政府首次公布的《能源白皮书》确定了新能源战略，到 2010 年英国的可再生能源发电量占英国发电总量的比例要从目前的 3% 提高到 10%，到 2020 年达到 20%。

2. 清洁化

随着世界能源新技术的进步及环保标准的日益严格，未来世界能源将进一步向清洁化的方向发展，不仅能源的生产过程要实现清洁化，而且能源工业要不断生产出更多更好的清洁能源，清洁能源在能源总消费中的比例也将逐步增大。在世界消费能源结构中，煤炭所占的比例将由目前的 26.47% 下降到 2025 年的 21.72%，而天然气将由目前的 23.94% 上升到 2025 年的 28.40%，石油的比例将维持在 37.60% ~ 37.90% 的水平。同时过去被认为是“脏”能源的煤炭和传统能源薪柴、秸秆、粪便的利用将向清洁化方面发展，洁净煤技术（如煤液化技术、煤气化技术、煤脱硫脱尘技术）、沼气技术、生物柴油技术等将取得突破并得到广泛应用。一些国家如法国、奥地利、比利时、荷兰等已经关闭其国内的所有煤矿而发展核电，他们认为核电就是高效、清洁的能源，能够解决温室气体的排放问题。

3. 高效化

世界能源加工和消费的效率差别较大，能源利用效率提高的潜力巨大。随着世界能源新技术的进步，未来世界能源利用效率将日趋提高，能源强度将逐步降低。

4. 全球化

由于世界能源资源分布及需求分布的不均衡性，世界各个国家和地区已经越来越难以依靠本国的资源来满足其国内的需求，越来越需要依靠世界其他国家或地区的资源供应，世界贸易量将越来越大，贸易额呈逐渐增加的趋势。以石油贸易为例，世界石油贸易量由 1985 年的 12.2 亿 t 增加到 2000 年的 21.2 亿 t 和 2002 年的 21.8 亿 t，年均增长率约为 3.46%，超过同期世界石油消费 1.82% 的年均增长率。在可预见的未来，世界石油净进口量将逐渐增加，年均增长率达到 2.96%。2020 年达到 4 080 万桶 /d，预计 2025 年将达到 4 850 万桶 /d。世界能源供应与消费的全球化进程将加快，世界主要能源生产国和能源消费国将积极加入到能源供需市场的全球化进程中。

5. 市场化

由于市场化是国际经济的主体，特别是世界各国市场化改革进程的加快，世界能源利用的市场化程度越来越高，世界各国政府直接干涉能源利用的行为将越来越少，而政府为能源市场服务的作用则相应增大，特别是在完善各国、各地区的能源法律法规并提供良好的能源市场环境方面，政府将更好地发挥作用。当前俄罗斯、哈萨克斯坦、利比亚等能源资源丰富的国家，正在不断完善其国家能源投资政策和行政管理措施，这些国家能源生产的市场化程度和规范化程度将得到提高，有利于境外投资者进行投资。

三、中国能源的特点和发展趋势

（一）中国能源的特点

从中国能源资源的总体情况看，其特点可以概括为：总量较丰、人均较低、分布不均、开发较难。因此我国的能源呈现如下特征：

1. 总量比较丰富

化石能源和可再生能源资源较为丰富。其中煤炭占主导地位。2006 年煤炭保有资源量 10 345 亿 t，剩余探明可采储量约占世界的 13%，列世界第三位。油页岩、煤层气等非常规化石能源储量潜力比较大。水力资源理论蕴藏量折合年发电量为 6.19 万亿 kW · h，经济可开发年发电量约 1.76 万亿 kW · h，相当于世界水力资源量的 12%，列世界首位。

2. 人均拥有量较低

煤炭和水力资源人均拥有量相当于世界平均水平的 50%，石油、天然气人均资源量仅相当于世界平均水平的 1/15 左右。耕地资源不足世界人均水平的 30%，生物质能源开发也受到制约。

3. 赋存分布不均

煤炭资源主要赋存在华北、西北地区，水力资源主要分布在西南地区，石油、天然气资源主要赋存在东、中、西部地区和海域。而我国主要能源消费区集中在东南沿海经济发达地区，资源赋存与能源消费地域存在明显差别。

4. 开发难度较大

与世界能源资源开发条件相比，中国煤炭资源地质开采条件较差，大部分储量需要井下开采，极少量可供露天开采。石油天然气资源地质条件复杂，埋藏深，勘探开发技术要求较高。未开发的水力资源多集中在西南部的高山深谷，远离负荷中心，开发难度和成本较大。非常规能源资源勘探程度低，经济性较差。

（二）中国能源的发展趋势

伊拉克战争、哥本哈根气候会议的召开都毫无疑问地说明能源、环境、经济等各方面的发展需求与制约，世界终端能源结构必将发生很大的变化，总的发展趋势为：通过管网输送的能源（电力、热、氢等）增多，固化能源（煤、生物质等）和液化能源比例下降。

我国煤炭剩余可开采储量为 900 亿 t，可供开采不足百年；石油剩余可开采储量为 23 亿 t，仅可供开采 14 年；天然气剩余可开采储量为 6 310 亿 mL 可供开采不过 32 年。

2020 年，我国人口按 14 亿计算，则需要 26 亿 ~ 28 亿 t 标准煤，由此 2020 年我国的能源结构不会有太大变化，仍以煤、石油、天然气为主，但其消费比例中下降的部分会被新能源（水电、风能、核能等）所代替。

到 2050 年，人口按 15 亿 ~ 16 亿计算，则需 35 亿 ~ 40 亿 t 标准煤，煤炭资源量能够满足需求量，但是石油就主要依靠进口。新能源中水电由于是清洁能源而且我国水能资源理论储藏量近 7 亿 kW · h，占我国常规能源资源量的 40%，是仅次于煤炭资源的第二大能源资源，可推测在 2020 ~ 2050 年间我国能源还是以煤为主，水电消费比例逐渐排升到第二位，石油、天然气将逐渐被其他能源取代。

由于我国煤炭的开采大部分属于掠夺性开采，估计到 2100 年煤炭资源已贫缺。而由于科技的高速发展，太阳能、水能、风能、核能等新型能源的利用将更为普遍，更为高效，而且太阳能作为取之不尽、用之不竭的能源是能源开发的首选资源。我国 2/3 的国土属于太阳能丰富区，全国陆地每年接受的太阳辐射能相当于 70 300 亿 GJ。

可预测在 2050—2100 年，我国的能源结构会有很大的调整，并能更好地完善，会以太阳能为主要能源，水能、风能、核能也会相继提升消费比例，而石化能源将逐渐被取代。

中国有自己的国情，中国能源资源储量结构的特点及中国经济结构的特色决定在可预见的未来，我国以煤炭为主的能源结构将不大可能改变，我国能源消费结构与世界能源消费结构的差异将继续存在，这就要求中国的能源政策，包括在能源基础设施建设、能源勘探生产、能源利用、环境污染控制等方面的政策应有别于其他国家。鉴于我国人口多、能源资源特别是优质能源资源有限，以及正处于工业化进程中等情况，应特别注意依靠科技进步和政策引导，提高能源效率，寻求能源的清洁化利用，积极倡导能源、环境和经济的可持续发展。

为保障能源安全，我国一方面应借鉴国际先进经验，完善能源法律法规，建立能源市场信息统计体系，建立我国能源安全的预警机制、能源储备机制和能源危机应急机制，积极倡导能源供应在来源、品种、贸易、运输等方面的多元化，提高市场化程度；另一方面应加强与主要能源生产国和消费国的对话，扩大能源供应网络，实现能源生产、运输、采购、贸易及利用的全球化。

第二章　环境的修复

第一节　污染物的土壤修复

土壤修复是指利用物理、化学和生物的方法转移、吸收、降解和转化土壤中的污染物，使其浓度降低到可接受水平，或将有毒有害的污染物转化为无害的物质。从根本上说，污染土壤修复的技术原理可包括为：①改变污染物在土壤中的存在形态或同土壤的结合方式，降低其在环境中的可迁移性与生物可利用性；

②降低土壤中有害物质的浓度。对于目前国内土壤污染的具体情况，并没有明确的官方数据。分析认为目前我国的土壤污染尤其是土壤重金属污染有进一步加重的趋势，不管是从污染程度还是从污染范围来看均是如此。据此估计目前我国已有 1/6 的农地受到重金属污染，而我国作为人口密度非常高的国家，土壤中的污染对人的健康影响非常大，土壤污染问题也已逐步受到重视。

一、污水土地处理系统

污水土地处理系统是利用土地以及其中的微生物和植物根系对污染物的净化能力来处理污水或废水，同时利用其中的水分和肥分促进农作物、牧草或树木生长的工程设施。处理方式分为以下三种：

（一）地表漫流

用喷洒或其他方式将废水有控制地排放到土地上，土地的水力负荷每年为 1.5~7.5m。适于地表漫流的土壤为透水性差的黏土和黏质土壤。地表漫流处理场的土地应平坦并有均匀而适宜的坡度（2%~6%），使污水能顺坡度成片地流动。地面上通常播种青草以供微生物栖息和防止土壤被冲刷流失。污水顺坡流下，一部分渗入土壤中，有少量蒸发掉，其余流入汇集沟。污水在流动的过程中悬浮的固体被滤掉，有机物被草上和土壤表层中的微生物氧化降解。这种方法主要用于处理高浓度的有机废水，如罐头厂的废水和城市污水。

（二）灌溉

通过喷洒或自流将污水有控制地排放到土地上，以促进植物的生长。污水被植物摄取，并被蒸发和渗滤。灌溉负荷量每年为0.3~1.5m。灌溉方法取决于土壤的类型、作物的种类、气候和地理条件。通用的方法有喷灌、漫灌和垄沟灌溉。

（1）喷灌。采用由泵、干渠、支渠、升降器、喷水器等组成的喷洒系统将污水喷洒在土地上。这种灌溉方法适用于各种地形的土地，布水均匀，水损耗少，但是费用昂贵，而且对水质要求较严，必须是经过二级处理的。

（2）漫灌。土地间歇地被一定深度的污水淹没，水深取决于作物和土壤的类型。漫灌的土地要求平坦或比较平坦，以使地面的水深保持均匀，地上的作物必须能够经受得住周期性的淹没。

（3）垄沟灌溉。靠重力流来完成。采用这种灌溉方式的土地必须相当平坦。将土地犁成交替排列的垄和沟。污水流入沟中并渗入土壤，垄上种植作物。垄和沟的宽度和深度取决于排放的污水量、土壤的类型和作物的种类。

上述三种灌溉方式都是间歇性的，可使土壤中充满空气，以便对污水中的污染物进行需氧生物降解。

（三）渗滤

这种方法类似间歇性的砂滤，水力负荷每年为3.3~150m。废水大部分进入地下水，小部分被蒸发掉。渗水池一般是间歇地接受废水，以保持高渗透率。适于渗滤的土壤通常为粗砂、壤土砂或砂壤土。渗滤法是补充地下水的处理方法，并不利用废水中的肥料，这是与灌溉法不同的。

二、影响污染土壤修复的主要因子

（一）污染物的性质

污染物在土壤中常以多种形态贮存，不同的化学形态有效性不同。此外污染的方式（单一污染或复合污染）、污染物浓度的高低也是影响修复效果的重要因素。有机污染物的结构不同，其在土壤中的降解差异也较大。

（二）环境因子

了解和掌握土壤的水分、营养等供给状况，拟定合适的施肥、灌水、通气等管理方案，补充微生物和植物在对污染物修复过程中的养分和水分消耗，可提高生物修复的效率。一般来说土壤盐度、酸碱度和氧化还原条件与生物可利用性及生物活性有密切关系，也是影响污染土壤修复效率的重要环境条件。

对有机污染土壤进行修复时，添加外源营养物可加速微生物对有机污染物的降解。对 PAHs 污染土壤的微生物修复研究表明，当调控 C ∶ N ∶ P 为 120 ∶ 10 ∶ 1 时，降解效果最佳。此外采用生物通风、土壤真空抽取及加入 H_2O_2 等方法对修复土壤添加电子受体，可明显改善微生物对污染物的降解速率与程度。此外即使是同一种生物通风系统，也应根据被修复场地的具体情况而进行设计。

（三）生物体本身

微生物的种类和活性直接影响修复的效果。由于微生物的生物体很小，吸收的金属量较少，难以后续处理，限制了利用微生物进行大面积现场修复的应用。因此在选择修复技术时，应根据污染物的性质、土壤条件、污染的程度、预期的修复目标、时间限制、成本、修复技术的适用范围等因素加以综合考虑。微生物虽具有可适应特殊污染场地环境的特点，但土著微生物一般存在生长速度慢、代谢活性不高的特点。在污染区域中接种特异性微生物并形成生长优势，可促进微生物对污染物的降解。

三、土地处理系统的减污机制

土地处理系统大多数污染物的去除主要发生在地表下 30~50cm 处具有良好结构的土层中，通过该层土壤、植物、微生物等相互作用，从土壤表层到土壤内部形成了好氧、缺氧和厌氧的多项系统，有助于各种污染物质在不同的环境中发生作用，最终达到去除或削减污染物的目的。

（一）病原微生物的去除

废水中的病原微生物进入土壤，便面临竞争环境，例如遇到由其他微生物产生的抗生物质和较大微生物的捕食等。在表层土壤中竞争尤其剧烈，这里氧气充足，需氧微生物活跃，在其氧化降解过程中要捕食病原菌、病毒。一般地说病原菌和病毒在肥沃土壤中以及在干燥和富氧的条件下，比在贫瘠土壤中以及在潮湿和缺氧的条件下，生存期更短，残留率更小。废水经过 1m 至几米厚的土壤过滤，其中的细菌和病毒几乎可以全部去除掉，仅在地表上层 lcm 的土壤中微生物的去除率就高达 92%~97%。

（二）BOD 的去除

废水中的 BOD（生化需氧量）大部分是在 10~15cm 厚的表层土中去除的。BOD、COD（化学需氧量）和 TOC（总有机碳）的物理（过滤）去除率为 30%~40%。废水中的大多数有机物都能被土壤中的需氧微生物氧化降解，但所需的时间相差很大，从几分钟（如葡萄糖）到数百年（如称为腐殖土的络合聚结体）。废水中的单糖、淀粉、半纤维、纤维、蛋白质等有机物在土壤中分解较快，而木质素、蜡、单宁、角质和脂肪等有机物则分解缓慢。如果水力负荷或BOD负荷超过了土壤的处理能力，这些难分解的有机化合物便会积累下来，使土壤孔隙堵塞，发生厌氧过程。如发生这种情况，应减少灌溉负荷，使土壤表层恢复富氧的状况，逐渐将积累的污泥和多糖氧化降解掉。在厌氧过程中形成的硫化亚铁沉淀，也会被氧化成溶解性的硫酸铁，从而使堵塞得到消除。

（三）磷和氮的去除

在废水中以正磷酸盐形式存在的磷，通过同土壤中的钙、铝、铁等离子发生沉淀反应，被铁、铝氧化物吸附和农作物吸收而有效地除去。因此废水土地处理系统的地下水或地下排水系统的水中含磷浓度一般为0.01~0.1 mg/L。磷在酸性条件下生成磷酸铝和磷酸铁沉淀，而在碱性条件下则主要生成磷酸钙或羟基磷灰石沉淀。除了纯砂土以外，大多数土壤中的磷在0.3~0.6 m厚的上层便几乎被全部除去。

废水中的氮在土地上有四种形式：有机氮、氨氮、亚硝酸盐氮和硝酸盐氮。亚硝酸盐氮在氧气存在的条件下易被氧化为硝酸盐氮。土地上的氮不管呈何种形态，如不挥发，最后都会矿化为硝酸盐氮。硝酸盐氮可通过作物的根部吸收和反硝化（脱硝）作用去除，在深入到根区以下的土层中，由于缺氧条件，部分硝态氮（10%~80%）发生脱硝反应；最后总有一部分硝态氮进入地下水中。

（四）有机毒物的去除

二级处理出水中含有的微量有机毒物，如卤代烃类、多氯联苯、酚化物以及有机氯、有机磷和有机汞农药等，它们的浓度一般远低于1μg/L，在土壤中通过土壤胶体吸附、植物提取、微生物降解、化学破坏挥发等途径而被有效地去除。

（五）微量金属的去除

一般认为黏土矿、铁、铝和锰的水合氧化物这四种土壤组分以及有机物和生物是控制土壤溶液中微量金属的重要因素。它们去除微量金属的方式有：①层状硅酸盐以表面吸附或以形成表面络合离子穿入晶格和离子交换等方式吸附；②不溶性铁、铝和锰的水合氧化物对金属离子的吸附；③有机物如腐殖酸对镉、汞等重金属的吸附；④形成金属氧化物或氢氧化物沉淀；⑤植物的摄取和固定。微量重金属的去除以吸附作用为主；常量重金属的去除往往以沉淀作用为主。

在废水所含的金属中，镉、锌、镍和铜在作物中的浓缩系数最高，因而对作物以及通过食物链对动物和人的危害也最大。

四、应用前景

污水土地处理系统作为一项技术可靠、经济合理、管理运行方便且具有显著的生态、社会效益的新兴的生态处理技术之一，具有无限的发展潜力。

土地处理系统在应用中主要是土地的占用，这在我国广大地区都具有很强的适用性。我国虽然土地资源十分紧缺，但在一些不发达地区，如西北等地区地广人稀，闲置了一些土地、荒山，在较发达地区也有废弃河道和部分闲置的开发区，这为土地处理系统提供了廉价土地资源。在农村和中小城镇，可以利用其拥有低廉土地的优势，建造土地处理系统，不仅可以净化污水，还可以与农业利用相结合，利用水肥资源，将水浇灌绿地、农田，使土壤肥力增加，提高农作物产量，从而带来更多经济效益，同时保护了农村生态系统；在城市根据其污水水量大，成分复杂，但其市政经济承受能力强的特点，土地处理系统可因地制宜地选用各类型系统，强化人工调控措施，不仅能取得满意的污水处理效果，还可以美化城市自然景观，改善城市生态环境质量。土地处理系统的经济性使其比在其他发达国家更适合我国目前的经济发展水平，与其他处理工艺相比，土地处理系统技术含量较低，这在我国污水处理技术正处于研发和逐渐成熟的现阶段具有广泛的应用前景。以其作为污水处理技术，不仅效果好，而且可以解决我国目前净水工艺存在的主要问题，减少氮、磷的排放量，减缓我国水体富营养化的趋势。加强土地处理系统的理论研究和技术工艺开发，加大力度推行并实施污水土地处理技术，将是解决我国水污染严重和水资源短缺的有效途径。

第二节　污染物的植物修复

土壤作为环境的重要组成部分，不仅为人类生存提供所需的各种营养物质，而且还承担着环境中大约 90% 来自各方面的污染物。随着人类进步、科学发展，人类改造自然的规模空前扩大，一些含重金属污水灌溉农田、污泥的农业利用、肥料的施用以及矿区飘尘的沉降，都是可以使重金属在土壤中积累明显高于土壤环境背景值，致使土壤环境质量下降和生态恶化。由于土壤是人类赖以生存的发展所必需的生产资料，也是人类社会最基本、最重要、最不可替代的自然资源，因此土壤中金属（尤其是重金属）污染与治理成为世界各国环境科学工作者竞相研究的难点和热点。

一、重金属进入土壤系统的原因

具体地说，重金属污染物可以通过大气、污水、固体废弃物、农用物资等途径进入土壤。

（一）从大气中进入

大气中的重金属主要来源于能源、运输、冶金和建筑材料生产产生的气体和粉尘。例如煤含 Ce、Cr、Pb、Hg、Ti、As 等金属；石油中含有大量的 Hg，它们都可随物质燃烧大量地排放到空气中；而随着含 Pb 汽油大量地被使用，汽车排放的尾气中含 Pb 量多达 20~50 μg/L。这些重金属除 Hg 以外，基本上是以气溶胶的形态进入大气，经过自然沉降和降水进入土壤。

（二）从污水进入

污水按来源可分为生活污水、工业废水、被污染的雨水等。生活污水中重金属含量较少，但是随着工业废水的灌溉，进入土壤的 Hg、Cd、Pb、Cr 等重金属却是逐年增加的。

（三）从固体废弃物中进入

从固体废弃物中进入土壤的重金属也很多。固体废弃物种类繁多，成分复杂，不同种类其危害方式和污染程度不同。其中矿业和工业固体废弃物污染最为严重。化肥和地膜是重要的农用物资，但长期不合理施用，也可以导致土壤重金属污染。个别农药在其组成中含有 Hg、As、Cu、Zn 等金属。磷肥中含较多的重金属，其中 Cd、As 元素含量尤为高，长期使用将造成土壤的严重污染。

随着工业、农业、矿产业等产业的迅速发展，土壤重金属污染也日益加重，已远远超过土壤的自净能力。防治土壤重金属污染、保护有限的土壤资源已成为突出的环境问题，引起了众多环境工作者的关注。

二、土壤重金属污染的植物修复技术

植物修复技术是以植物忍耐和超量积累某种或某些化学元素的理论为基础，利用植物及其共存微生物体系清除环境中的污染物的一门环境污染治理技术。目前国内外对植物修复技术的基础理论研究和推广应用大多限于重金属元素。狭义的植物修复技术主要指利用植物清洁污染土壤中的重金属。植物对重金属污染位点的修复有三种方式：植物固定、植物挥发和植物吸收。植物通过这三种方式去除环境中的重金属离子。

（一）植物固定

植物固定是利用植物及一些添加物质使环境中的金属流动性降低，生物可利用性下降，使金属对生物的毒性降低。通过研究植物对环境中土壤铅的固定，发现一些植物可降低铅的生物可利用性，缓解铅对环境中生物的毒害作用。然而植物固定并没有将环境中的重金属离子去除，只是暂时将其固定，使其对环境中的生物不产生毒害性的物质的作用，并没有彻底解决环境中的重金属污染问题。如果环境条件发生变化，金属的生物可利用性可能又会发生改变。因此植物固定不是一个很理想的去除环境中重金属的方法。

（二）植物挥发

植物挥发是利用植物去除环境中的一些挥发性污染物，即植物将污染物吸收到体内后又将其转化为气态物质，释放到大气中。有人研究了利用植物挥发去除环境中汞，即将细菌体内的汞还原酶基因转入芥子科植物中，使这一基因在该植物体内表达，将植物从环境中吸收的汞还原为单质，使其成为气体而挥发。另有研究表明利用植物也可将环境中的硒转化为气态形式（二甲基硒和二甲基二硒）。由于这一方法只适用于挥发性污染物，应用范围很小，并且将污染物转移到大气中对人类和生物有一定的风险，因此它的应用将受到限制。

（三）植物吸收

植物吸收是目前研究最多并且最有发展前景的一种利用植物去除环境中重金属的方法，它是利用能耐受并能积累金属的植物吸收环境中的金属离子，将它们输送并储存在植物体的地上部分。植物吸收需要能耐受且能积累重金属的植物，因此研究不同植物对金属离子的吸收特性，筛选出超量积累植物是研究的关键。能用于植物修复的植物应具有以下几个特性：①即使在污染物浓度较低时也有较高的积累速率；②生长快，生物量大；③能同时积累几种金属；④能在体内积累高浓度的污染物；⑤具有抗虫抗病能力。经过不断的实验室研究及野外试验，人们已经找到了一些能吸收不同金属的植物种类及改进植物吸收性能的方法，并逐步向商业化发展。

例如羊齿类铁角蕨属对土壤中镉的吸收能力很强，吸收率可达 10%。香蒲植物、绿肥植物如无叶紫花苔子对铅、锌污染物具有很强的忍耐和吸收能力，可以用于净化被铅锌矿废水污染的土壤。田间试验也证明印度芥菜有很强的吸收和积累污染土壤中 Pb、Cr、Cd、Ni 的能力。一些禾本科植物如燕麦和大麦耐 Cu、Cd、Zn 的能力强，且大麦与印度芥菜具有同等清除污染土壤中 Zn 的能力。Meagher 等发现经基因工程改良过的烟草和拟南芥菜能把 Hg^{2+} 变为低毒的单质 Hg 挥发掉。另外柳树和白杨也可作为一种非常好的重金属污染土壤的植物修复材料。

利用丛枝菌根（AM）真菌辅助植物修复土壤重金属污染的研究也有很多。菌根能促进植物对矿质营养的吸收、提高植物的抗逆性、增强植物抗重金属毒害的能力。一般认为在重金属污染条件下，AM 真菌侵染降低植物体内（尤其是地上部）重金属的浓度有利于植物的生长。在中等 Zn 污染条件下，AM 真菌能降低植物地上部 Zn 浓度，增加植物产量，从而对植物起到保护作用。也有报道提高 AM 真菌可同时提高植物的生物量和体内重金属浓度。在含盐的湿地中植被对重金属的吸收和积累也起着重要的作用，丛枝菌根真菌能够增加含盐的湿地中植被根部的 Cd、Cu 吸收和累积；并且丛枝菌根真菌具有较高的抵抗和减轻金属对植被的胁迫能力，对在含盐湿地上宿主植物中的金属离子的沉积起了很大作用。在 As 污染条件下，AM 真菌同时提高蜈蚣草地上部的生物量和 As 的浓度，从而显著增加了蜈蚣草对 As 的提取量，说明 AM 真菌可以促进 As 从蜈蚣草的根部向地上部转运。AM 真菌对重金属复合污染的土壤也有明显的作用。通过研究 AM 真菌对玉米吸收 Cd、Zn、Cu、Mn、Pb 的影响，发现其降低了根中的 Cu 浓度，而增加了地上部的 Cu 浓度；增加了玉米地上部 Zn 浓度和根中 Pb 的浓度，而对 Cd 没有显著影响，说明 AM 真菌促进 Cu、Zn 向地上部的转运。

三、植物吸附重金属的机制

根对污染物的吸收可以分为离子的被动吸收和离子的主动吸收，离子的被动吸收包括扩散、离子交换和蒸腾作用等，无须消耗代谢能。离子的主动吸收可以逆梯度进行，这时必须由呼吸作用供给能量。一般对非超积累植物来说，非复合态的自由离子是吸收的主要形态，在细胞原生质体中，金属离子由于通过与有机酸、植物螯合肽的结合，其自由离子的浓度很低，所以无须主动运输系统参与离子的吸收。但是有些离子如锌可能有载体调节运输。特别是超富集植物，即使在外界重金属浓度很低时，其体内重金属的含量仍比普通植物高 10 倍甚至上百倍。进入植物体内的重金属元素对植物是一种胁迫因素，即使是超富集植物，对重金属毒害也有耐受阈值。

耐性指植物体内具有某些特定的生理机制，使植物能生存于高含量的重金属环境中而不受到损害，此时植物体内具有较高浓度的重金属。一般耐性特性的获得有两个基本途径：一是金属的排斥性，即重金属被植物吸收后又被排出体外，或者重金属在植物体内的运输受到阻碍；二是金属富集，虽然植物体内重金属众多但可自身解毒，即重金属在植物体内以不具有生物活性的解毒形式存在，如结合到细胞壁上、离子主动运输进入液泡、与有机酸或某些蛋白质的络合等。针对植物萃取修复污染土壤要求的植物显然应该具有富集解毒能力。据目前人们对耐性植株和超富集植株的研究，植物富集解毒机制可能有以下几方面：

（一）细胞壁作用机制

研究人员发现耐重金属植物要比非耐重金属植物的细胞壁具有更优先键合金属的能力，这种能力对抑制金属离子进入植物根部敏感部位起保护作用。如蹄盖蕨属所吸收的Cu、Zn、Cd总量中大约有70%~90%位于细胞壁，大部分以离子形式存在或结合到细胞壁结构物质，如纤维素、木质素上。因此根部细胞壁可视为重要的金属离子贮存场所。金属离子被局限于细胞壁，从而不能进入细胞质影响细胞内的代谢活动。但当重金属与细胞壁结合达饱和时，多余的金属离子则会进入细胞质。

（二）重金属进入细胞质机制

许多观察表明重金属确实能进入忍耐型植物的共质体。用离心的方法研究Ni超量积累植物组织中Ni的分布，结果显示有72%的Ni分布在液泡中。利用电子探针也观察到锌超量积累植物根中的Zn大部分分布在液泡中。因此液泡可能是超富集植物重金属离子贮存的主要场所。

（三）向地上部运输

有些植物吸收的重金属离子很容易装载进木质部，在木质部中，金属元素与有机酸复合将有利于元素向地上部运输。有人观察到Ni超富集植物中的组氨酸在Ni的吸收和积累中具有重要作用，非积累植物如果在外界供应组氨酸时也可以促进其根系Ni向地上部运输。柠檬酸盐可能是Ni运输的主要形态，利用X射线吸收光谱（XAS）研究也表明，在Zn超富集植物中的根中Zn，70%分布在原生质中，主要与组氨酸络结合，在木质部汁液中Zn主要以水合阳离子形态运输，其余是柠檬酸络合态。

（四）重金属与各种有机化合物络合机制

重金属与各种有机化合物络合后，能降低自由离子的活度系数，减少其毒害。有机化合物在植物耐重金属毒害中的作用已有许多报道，Ni超富集植物比非超富集植物具有更高浓度的有机酸，硫代葡萄糖苷与Zn超富集植物的耐锌毒能力有关。

（五）酶适应机制

耐性种具有酶活性保护的机制，使耐性品种或植株遭受重金属干扰时能维持正常的代谢过程。研究表明在受重金属毒害时，耐性品种的硝酸还原酶、异柠檬酸酶被激活，特别是硝酸还原酶的变化更为显著，而耐性差的品种这些酶类完全被抑制。

（六）植物螯合肽的解毒作用

植物螯合肽（PC）是一种富含-SH的多肽，在重金属或热激等措施诱导下植物体内能大量形成植物螯合肽，通过 -SH 与重金属的络合从而避免重金属以自由离子的形式在细胞内循环，减少了重金属对细胞的伤害。研究表明 GSH 或 PCs 的水平决定了植物对 Cd 的累积和对 Cd 的抗性。PCs 对植物抗 Cd 的能力随着 PC 生成量的增加、PC 链的延长而增加。

四、影响植物富集重金属的因素

（一）根际环境对氧化还原电位的影响

旱作植物由于根系呼吸、根系分泌物的微生物耗氧分解，根系分泌物中含有酚类等还原性物质，根际氧化还原电位（Eh）一般低于土体。该性质对重金属特别是变价金属元素的形态转化和毒性具有重要影响。如 Cr（Ⅵ），化学活性大，毒性强，被土壤直接吸附的作用很弱，是造成地下水污染的主要物质。Cr（Ⅲ）一般毒性较弱，因而在一般的土壤水系统中，六价铬还原为三价铬后被吸附或生成氢氧化铬沉淀，被认为是六价铬从水溶液中去除的重要途径。在铬污染的现场治理中往往以此原理添加厩肥或硫化亚铁等还原物质以提高土壤的有效还原容量，但农田栽种作物后，该措施是否还能达到预期效果还需要分别对待，由于根系和根际微生物呼吸耗氧，根系分泌物中含有还原性物质，因而旱作下根际 Eh 一般低于土体 50—100mV，土壤的还原条件将会增加 Cr（Ⅵ）的还原去除六价铬，然而如果在生长于还原性基质上的植株根际产生氧化态微环境，那么当土体土壤中还原态的离子穿越这一氧化区到达根表时就会转化为氧化态，从而降低其还原能力。很明显的一个例子就是水稻，由于其根系特殊的溢氧特征，根际 Eh 高于根外，可以推断根际 Fe^{2+} 等还原物质的降低必然会使 Cr（Ⅵ）的还原过程减弱。同时有许多研究也表明，一些湿地或水生植物品种的根表可观察到氧化锰在根—土界面的积累，Cr（Ⅲ）能被土壤中氧化锰等氧化成 Cr（Ⅵ），其中氧化锰可能是 Cr（Ⅲ）氧化过程中的最主要的电子接受体，因此在铬污染防治中根际 Eh 效应的作用不能忽视。

关于排灌引起的镉污染问题实际上也涉及 Eh 变化的问题。大量研究表明水稻含镉量与其生育后期的水分状况关系密切，此时期排水烤田则可使水稻含镉量增加好几倍，其原因曾被认为是土壤中原来形成的 CdS 重新溶解的缘故，但从根际观点看，水稻根际 Eh 可使 FeS 发生氧化，因此根际也能氧化 CdS。假如这样水稻根系照样会吸收大量的镉，但从根际 Eh 的动态变化来看，水稻根际的氧化还原电位从分蘖盛期至幼穗期经常从氧化值向还原值急剧变化，在扬花期也很低。生育后期处于淹水状态下的水稻含镉量较低的原因可能就在于根际 Eh 下降，此时若排水烤田，根际 Eh 不下降，再加上根外土体 CdS 氧化，Cd^{2+} 活度增加，也就使 Cd 有效性大大增加。

（二）根际环境 pH 的影响

植物通过根部分泌质子酸化土壤来溶解金属，低 pH 可以使与土壤结合的金属离子进入土壤溶液。如种植超积累植物和非超积累植物后，根际土壤 pH 较非根际土壤低 0.2~0.4，根际土壤中可移动的 Zn 含量均较非根际土壤高。重金属胁迫条件植物也可能形成根际 pH 屏障限制重金属离子进入原生质，如镉的胁迫可减轻根际酸化过程。

（三）根际分泌物的影响

植物在根际分泌金属螯合分子时，通过这些分子螯合和溶解与土壤相结合的金属，如根际土壤中的有机酸，通过络合作用影响土壤中金属的形态及在植物体内的运输，根系分泌物与重金属的生物有效性之间的研究也表明，根系分泌物在重金属的生物富集中可能起着极其重要的作用。小麦、水稻、玉米、烟草等根系分泌物对镉虽然都具有络合能力，但前三者对镉的溶解度无明显影响，植株主要在根部积累镉。而烟草不同，其根系分泌物能提高镉的溶解度，植株则主要在叶部积累镉。一些学者甚至提出超积累植物从根系分泌特殊有机物，从而促进了土壤重金属的溶解和根系的吸收，但目前还没有研究证实这些假说。相反根际高分子不溶性根系分泌物通过络合或螯合作用可以减轻重金属的毒害，有关玉米的实验结果表明，玉米根系分泌的黏胶物质包裹在根尖表面，成为重金属向根系迁移的“过滤器”。

（四）根际微生物的影响

微生物与重金属相互作用的研究已成为微生物学中重要的研究领域。目前在利用细菌降低土壤中重金属毒性方面也有了许多尝试。据研究细菌产生的特殊酶能还原重金属，且对 Cd、Co、Ni、Mn、Zn、Pb 和 Cu 等有亲和力，利用 Cr（Ⅵ）、Zn、Pb 污染土壤分离出来的菌种去除废弃物中 Se、Pb 毒性的可能性进行研究，结果表明上述菌种均能将硒酸盐和亚硒酸盐、二价铅转化为不具毒性且结构稳定的胶态硒与胶态铅。

根际由于有较高浓度的碳水化合物、氨基酸、维生素和促进生长的其他物质存在，微生物活动非常旺盛。微生物能通过主动运输在细胞内富集重金属，一方面它可以通过与细胞外多聚体螯合而进入体内，另一方面它可以与细菌细胞壁的多元阴离子交换进入体内。同时微生物通过对重金属元素的价态转化或通过刺激植物根系的生长发育影响植物对重金属的吸收，微生物也能产生有机酸、提供质子及与重金属络合的有机阴离子。有机物分解的腐败物质及微生物的代谢产物也可以作为螯合剂而形成水溶性有机金属络合物。

因此当污染土壤的植物修复技术蓬勃兴起时，微生物学家也将研究的重点投向根际微生物，他们认为菌根和非菌根根际微生物可以通过溶解、固定作用使重金属溶解到土壤溶液，从而进入植物体，最后参与食物链的传递，特别是内生菌根可能会大大促进植株对重金属的吸收能力，加速植物修复土壤的效率。

（五）根际矿物质的影响

矿物质是土壤的主要成分，也是重金属吸附的重要载体，不同的矿物对重金属的吸附作用有着显著的差异。在重金属污染防治中，也有利用添加膨润土、合成沸石等硅铝酸盐钝化土壤中锡等重金属的报道。据报道根际矿物的丰富度明显不同于非根际，特别是无定形矿物及膨胀性页硅酸盐在根际土壤发生了显著变化。从目前对土壤根际吸附重金属的行为研究来看，根际环境的矿物成分在重金属的可利用性中可能作用较大。

总之植物富集重金属的机制及影响植物富集过程的根际行为在污染土壤植物修复中具有十分重要的地位，但由于其复杂性，人们对植物富集的各种调控机制及重金属在根际中的各种物理、化学和生物学过程如迁移、吸附—解吸、沉淀—溶解、氧化—还原、络合—解络等过程的认识还很不够，因此在今后的研究中深入开展植物富集重金属及重金属胁迫根际环境的研究很有必要，在基础理论研究的同时，再进一步开展植物富集能力体内诱导及根际土壤重金属活性诱导及环境影响研究。相信随着植物富集机制和根际强化措施的复合运用，重金属污染环境的植物修复潜力必将被进一步挖掘并得到发挥。

第三节　污染物的生物修复

生物修复作为一种新型的污染环境修复技术，与传统的环境污染控制技术相比较，具有降解速率快、处理成本低、无二次污染、环境安全性好等诸多优点。因此利用生物修复来治理被有机物和重金属等污染物所污染的土壤和水体工程技术得到越来越广泛的应用。

一、生物修复的概念

不同的研究者对“生物修复”的定义有不同的表述。例如“生物修复指微生物催化降解有机物、转化其他污染物从而消除污染的受控或自发进行的过程”，“生物修复指利用天然存在的或特别培养的微生物在可调控环境条件下将污染物降解和转化的处理技术”，“生物修复是指生物（特别是微生物）降解有机污染物，从而消除污染和净化环境的一个受控或自发进行的过程。”从中可知，生物修复的机理是“利用特定的生物（植物、微生物或原生动物）降解、吸收、转化或转移环境中的污染物”，生物修复的目标是“减少或最终消除环境污染，实现环境净化、生态效应恢复”。

广义的生物修复指一切以利用生物为主体的环境污染的治理技术。它包括利用植物、动物和微生物吸收、降解、转化土壤和水体中的污染物，使污染物的浓度降低到可接受的水平，或将有毒有害的污染物转化为无害的物质，也包括将污染物稳定化，以减少其向周边环境的扩散。一般分为植物修复、动物修复和微生物修复三种类型。根据生物修复的污染物种类它可分为有机污染生物修复和重金属污染的生物修复以及放射性物质的生物修复等。

狭义的生物修复是指通过微生物的作用清除土壤和水体中的污染物或是使污染物无害化的过程。它包括自然的和人为控制条件下的污染物降解或无害化过程。

二、生物修复的分类

按生物类群可把生物修复分为微生物修复、植物修复、动物修复和生态修复，而微生物修复是通常所称的狭义上的生物修复。

根据污染物所处的治理位置不同，生物修复可分为原位生物修复和异位生物修复两类：

原位生物修复（in situ bioremediation）指在污染的原地点采用一定的工程措施进行。原位生物修复的主要技术手段是：添加营养物质、添加溶解氧、添加微生物或酶、添加表面活性剂、补充碳源及能源。

异位生物修复（ex situ bioremediation）指移动污染物到反应器内或邻近地点采用工程措施进行。异位生物修复中的反应器类型大都采用传统意义上“生物处理”的反应器形式。

三、生物修复的特点

（一）生物修复的优点

与化学、物理处理方法相比，生物修复技术具有下列优点：

（1）经济花费少，仅为传统化学、物理修复经费的30%—50%；

（2）对环境影响小，不产生二次污染，遗留问题少；

（3）尽可能地降低污染物的浓度；

（4）对原位生物修复而言，污染物在原地被降解清除；

（5）修复时间较短；

（6）操作简便，对周围环境干扰少；

（7）人类直接暴露在这些污染物下的机会减少。

（二）生物修复的局限性

（1）微生物不能降解所有进入环境的污染物，污染物的难降解性、不溶性以及与土壤腐殖质或泥土结合在一起常常使生物修复不能进行。特别是对重金属及其化合物，微生物也常常无能为力。

（2）在应用时要对污染地点和存在的污染物进行详细的具体考察，如在一些低渗透的土壤中可能不宜使用生物修复，因为这类土壤或在这类土壤中的注水井会由于细菌生长过多而阻塞。

（3）特定的微生物只降解特定类型的化学物质，状态稍有变化的化合物就可能不会被同一微生物酶所破坏。

（4）这一技术受各种环境因素的影响较大，因为微生物活性受温度、氧气、水分、pH 等环境条件的变化影响。

（5）有些情况下，生物修复不能将污染物全部去除。当污染物浓度太低，不足以维持降解细菌的群落时，残余的污染物就会留在环境中。

四、生物修复的前提条件

在生物修复的实际应用中，必须具备以下各项条件：

（1）必须存在具有代谢活性的微生物。

（2）这些微生物在降解化合物时必须达到相当大的速率，并且能够将化合物浓度降至环境要求范围内。

（3）降解过程不产生有毒副产物。

（4）污染环境中的污染物对微生物无害或其浓度不影响微生物的生长，否则需要先行稀释或将该抑制剂无害化。

（5）目标化合物必须能被生物利用。

（6)处理场地或生物处理反应器的环境必须利于微生物的生长或微生物活性保持，例如提供适当的无机营养、充足的溶解氧或其他电子受体以及适当的温度、湿度，如果污染物能够被共代谢的话，还要提供生长所需的合适碳源与能源。

（7）处理费用较低，至少要低于其他处理技术。

以上各项前提条件都十分重要，达不到其中任何一项都会使生物降解无法进行，从而达不到生物修复的目的。

五、生物修复的可行性评估程序

（一）数据调查

（1）污染物的种类、化学性质及其分布、浓度，污染的时间长短；

（2）污染前后微生物的种类、数量、活性及在土壤中的分布情况；

（3）土壤特性，如温度、孔隙度和渗透率等；

（4）污染区域的地质、地理和气候条件。

（二）技术咨询

在掌握当地情况之后，应向相关信息中心查询是否在相似的情况下进行过就地生物处理，以便采用和借鉴他人经验。

（三）技术路线选择

对包括就地生物处理在内的各种土壤治理技术以及它们可能的组合进行全面客观的评价，列出可行的方案，并确定最佳技术路线。

（四）可行性试验

假如就地生物处理技术可行，就要进行小试和中试试验。在试验中收集有关污染毒性、温度、营养和溶解氧等限制性因素和有关参数资料，为工程的具体实施提供基础性的技术参数。

（五）实际工程化处理

如果小试和中试都表明就地生物处理在技术和经济上可行，就可以开始就地生物处理计划的具体设计：包括处理设备、井位、井深、营养物和氧源等。

六、土壤污染的生物修复工程设计

（一）场地信息的收集

首先要收集场地具有的物理、化学和微生物特点，如土壤结构、pH、可利用的营养物、竞争性碳源、土壤孔隙度、渗透性、容重、有机物、溶解氧、氧化还原电位、重金属、地下水位、微生物种群总量、降解菌数量、耐性和超积累性植物资源等。

其次要收集土壤污染物的理化性质如所有组分的深度、溶解度、化学形态、剖面分布特征及其生物或非生物的降解速率、迁移速率等。

（二）可行性论证

可行性论证包括生物可行性和技术可行性分析。生物可行性分析是获得包括污染物降解菌在内的全部微生物群体数据，了解污染地发生的微生物降解植物吸收作用及其促进条件等方面的数据的必要手段，这些数据与场地信息一起构成生物修复工程的决策依据。

技术可行性研究旨在通过实验室所进行的试验研究提供生物修复设计的重要参数，并用取得的数据预测污染物去除率、达到清除标准所需的生物修复时间及经费。

（三）修复技术的设计与运行

根据可行性论证报告，选择具体的生物修复技术、设计具体的修复方案（包括工艺流程与工艺参数），然后在人为控制条件下运行。

（四）修复效果的评价

在修复方案运行终止时，要测定土壤中的残存污染物，计算原生污染物的去除率、次生污染物的增加率以及污染物毒性下降率等以便综合评定生物修复的效果。

原生污染物的去除率 =（原有浓度—现存浓度）/ 原有浓度 ×100%

次生污染物的增加率 =（现存浓度—原有浓度）/ 原有浓度 ×100%

污染物毒性下降率 =（原有毒性水平—现有毒性水平）/ 原有毒性水平 ×100%

七、生物修复的应用及进展

20 世纪 70 年代以来，环境生物技术和环境生物学的发展突飞猛进，这种势头一直持续到今天。虽然“生物修复”的出现只有十几年的历史，但是“生物修复”已经成为环境工程领域技术发展的重要方向，生物修复技术将成为生态环境保护最有价值和最有生命力的生物治理方法。

1989 年美国在“埃克森 · 瓦尔迪兹”号油轮石油泄漏的生物修复项目中，短时间内清除了污染、治理了环境，是生物修复成功应用的开端，同时也开创了生物修复在治理海洋污染中的应用，是公认的里程碑事件，从此“生物修复”得到了政府环保部门的认可，并被多个国家用于土壤、地下水、地表水、海滩、海洋环境污染的治理。最初的“生物修复”主要是利用细菌治理石油、有机溶剂、多环芳烃、农药之类的有机污染。现在，“生物修复”已不仅仅局限在微生物的强化作用上，还拓展出植物修复、真菌修复等新的修复理论和技术。

自 1991 年 3 月，在美国的圣地亚哥举行了第一届原位生物修复国际研讨会，学者们交流和总结了生物修复工作的实践和经验，使生物修复技术的推广和应用走上了迅猛发展的道路。美国推出所谓的超基金项目，投入项目费用由 1994 年的 2 亿美元增加到 2000 年的 28 亿美元，增长 14 倍之多。中国的生物修复研究在过去的十年中水平也有很大的提高。

第四节　地下水污染与自净

地下水是最重要的水资源之一，陆地的淡水除冰川外，地下水所占的份额最大，为 1/4。我国地下水资源总量约 8 000 亿立方米，但近年来，地表环境遭到严重破坏和污染，致使地下水的水质日益恶化。对于中国农村地下水污染情况，随着城市环保门槛的提高，不少被淘汰的高污染、高排放的企业开始向农村转移，偷偷排放工业废水的化工厂、酒精厂、造纸厂在农村大量存在。而且农业施用的化肥和粪肥，会造成大范围的地下水硝酸盐含量增高，农业耕作活动可促进土壤有机物的氧化，如有机氮氧化为无机氮（主要是硝态氮），随渗水进入地下水。这些都会造成农村地下水污染情况的加剧。

地下水的生物修复是一项较为复杂的工作，根据污染种类的不同具体手段也有所区别。对有机物污染的地下水多采用原位修复技术，对无机物污染的地下水一般需要采用异位修复技术，即将被污染的地下水抽至地面再进行处理。

通常地下水的生物修复主要依赖其土著微生物群落来降解污染物分子，在此过程中需要在地下蓄水层中通入 O_2 并加入营养盐。

一、地下水污染生物修复的方法

地下水污染的生物修复是一项较为复杂的工作，根据污染种类的不同具体实施的手段也有所区别，下面先对地下水污染的生物修复技术要点加以说明。

（一）收集污染区域的水文地质等资料

地下水生物修复的成功很大程度上取决于该区域的水文地质状况，如果该地区的水文地质状况比较复杂，则难度也会相应较大，而且生物修复的数据结果的可靠性也较小。许多区域的水文地质在生物修复时可能与以前调查时有所改变，所以以前的资料并不可靠，这样也增加了生物修复难度。此外，地下的土壤环境必须具有良好的渗透性，以使得加入的 N、P 等营养盐和电子受体能顺利地传达到各个被污染区域的微生物群落，这种水的传导性往往是生物修复的关键。

（二）添加适量营养盐

在地下水生物修复的工作展开之前，首先要通过实验室确定加入到地下水中的最适合营养盐量，以避免添加营养盐时过多或过少。营养盐假如过少会使得生物转化迟缓，而过多则会由于生成生物量太多而堵塞蓄水层，从而使得生物修复中止。营养盐一般通过溶解在地下水循环通过污染区域，普遍采用的方法是将营养盐溶液通过深井注入地下水饱和区域或区域表层土壤中。地下水由生产井抽出，并在该水中补加营养盐继续循环或是通过处理系统进行地面处理。水中的营养盐和污染物的浓度应该经常取样测定，取样点设定在注入井和生产井之中。

（三）维持好氧微生物的活性

典型的快速生物降解是由好氧微生物进行，因此必须维持这类微生物的活性。在地下水生物修复中的主要问题是即使在最佳条件下，地下水中的 O_2 含量也极少且自然复氧速率极慢，虽然在生物修复中可以通过外加 O_2 的方式，但是 O_2 在水中的溶解度不是很高，难以保证水中好氧微生物的良好生长。这就必须通过一定的手段来保证地下水中的含氧量，通常采用的方法是通过空气压缩机将空气压缩注入地下水中，也有方法是在营养盐溶液中加入 $H2O_2$ 作为 O_2 的来源，但要注意的是 H_2O_2 在浓度达到 100—200mg/L时对某些微生物有毒性,减少或避免 H_2O_2 毒性的办法是在开始加入时采用较低的浓度，约 50mg/L，然后逐步增高浓度，最后达到 1 000mg/L。

（四）其他方法的辅助作用

以往常用物理、化学方法去除游离的油类和烃类，如果我们在采用生物方法来修复地下水污染时，排除了物理化学方法的使用，那么使用生物方法的实际应用意义也将大大减少。因为污染源如果不首先切除，新的污染物仍会源源不断地输入到地下水中，导致生物修复负荷的增加甚至使生物修复中止。

目前，地下水污染已经相当严重，直接和间接地危及人类的健康，探索一条经济有效的污染防治措施势在必行。生物修复技术作为一项有发展潜力、效率高且投资较少的绿色环境修复技术，已经越来越受到人们的关注。地下水污染的修复相对于地表水来说更具有复杂性、隐蔽性。在美国和欧洲，生物修复技术主要处于实验室和中试阶段，实际应用已取得初步成效。我国的一些高校和研究机构也对地下水污染的生物修复进行了研究，但此方面的研究还不完善，仍处于起步阶段，只进行了一些小试和中试研究，还需要加强研究及应用。

二、污染地下水的生物修复技术

地下水污染的生物修复技术的种类有很多。一般根据人工干预的情况，将污染地下水生物修复分为天然生物修复和人工生物修复。而人工生物修复又可分为原位生物修复和异位生物修复两类。原位生物修复技术就是指对被污染介质（指地下水）不做搬运或输送而在原位进行的生物修复处理；而异位生物修复技术则是指对被污染介质（指地下水）搬运或输送到别处进行的生物修复处理。

（一）天然生物修复技术

天然修复是指在不进行任何工程辅助措施和不调控生态系统的前提下，完全依靠天然衰减机理去除地下水中溶解的污染物,同时降低对公众健康和环境的危害的修复过程。其在石油产品污染的场地正得到广泛的应用。天然衰减指促进天然修复的物理、化学和生物作用，包括对流、弥散、稀释、吸附、挥发、化学转化和生物降解等作用。在这些作用中，生物降解是唯一可以将污染物转化为无害产物的作用；化学转化不能彻底分解有机化合物，其产物的毒性有可能更大；其他各种作用虽然可以降低污染物在地下水中的浓度，但对污染物在环境中的总量没有影响。在不添加营养物的条件下，土著微生物使地下的污染物总量减少的作用，称为天然生物修复。

（二）原位生物修复技术

地下水的原位生物修复方法是向含水层内通入氧气及营养物质，依靠土著微生物的作用分解污染物质。目前对有机污染的地下水多采用原位生物修复的方法，主要包括生物注射法、有机黏土法、抽提地下水系统和回注系统相结合法等。

（三）异位生物修复技术

目前，地下水的异位生物修复主要应用生物反应器法。生物反应器的处理方法是将地下水抽提到地上部分用生物反应器加以处理的过程，其自然形成一个闭路循环。同常规废水处理一样，反应器的类型有多种形式。如细菌悬浮生长的活性反应器、串联间歇反应器，生物固定生长的生物滴滤池、生物转盘和接触氧化反应器，厌氧菌处理的厌氧消化和厌氧接触反应器，以及高级处理的流化床反应器、活性炭生物反应器等。

第三章　环境污染和处理

第一节　大气污染和农业生产

一、大气的组成

大气是多种气体的混合物，就其组分的含量变动情况可分为恒定组分、可变组分和不定组分三种。恒定组分指 N_2、O_2 和 Ar。N_2 占空气体积 78.09%、O_2 占 20.95%、Ar 占 0.93%，三者总和占空气总体积的 99.97%，其余为微量的氖、氦、氙、氡等稀有气体；可变组分指空气中的 CO_2 和水蒸气，通常 CO_2 含量为 0.02%—0.04%，水蒸气含量小于 4%。可变组分在空气中的含量随季节、气象与人类活动的变化而变化；不定组分指煤烟、尘埃、硫氧化物、氮氧化物及一氧化碳等，它与人类活动直接有关，这些组分达到一定浓度，会给人类、生物造成严重的危害。

二、大气污染的特征

大气污染通常是指由于人类活动或活动过程引起某些物质进入大气中，呈现出足够的浓度，达到足够的时间，并因此危害了人体的舒适、健康和福利或环境的现象。其成因主要分为自然因素（如森林火灾、火山爆发等）和人为因素（如工业废气、生活燃煤、汽车尾气等）两种。随着工业及城市化进程的加快，人为因素在大气污染中扮演越来越重要的角色，尤其是工业生产和交通运输。大气污染不仅对人类健康产生影响，还对农业生产、农业生态系统也带来巨大的破坏作用。我国是世界上大气污染最严重的国家之一，大气污染是我国环境问题中的一个主要问题。我国的经济发展、能源结构、地形及气候条件决定了大气污染具有以下特征。

（1）煤烟型污染是污染的普遍问题，主要污染物是烟尘和二氧化硫；

（2）汽车尾气污染明显增加，并逐渐上升为城市大气主要污染源，总悬浮颗粒物或可吸入颗粒是影响城市空气质量的主要污染物；

（3）酸雨分布区域性、季节性明显，污染物成分特点突出，多以硫酸型酸雨为主；

（4）工业“三废”任意排放是目前大气污染的罪魁祸首，但农业引发的大气污染仍不可忽视。

三、大气污染物

（一）一次污染物与二次污染物

按照污染物形成过程的不同，可将其分为一次污染物与二次污染物。一次污染物是从污染源直接排出的大气污染物，如颗粒物、二氧化硫、一氧化碳、氮氧化物、碳氢化合物等；二次污染物则是由污染源排出的一次污染物与大气正常组分，或几种一次污染物之间发生了一系列的化学或光化学反应而形成了与原污染物性质不同的新污染物。如伦敦型烟雾中的硫酸、光化学烟雾中的过氧乙酰硝酸酯、酸雨中的硫酸和硝酸等。这类污染物颗粒小，一般在 0.01—1.0μm，其毒性一般，较一次污染物强。

（二）常见主要大气污染物简介

据不完全统计，目前被人们注意到或已经对环境和人类产生危害的大气污染物约有 100 种。其中，影响范围广、对人类环境威胁较大、具有普遍性的污染物有颗粒物、二氧化硫、氮氧化物、一氧化碳、碳氢化合物及光化学氧化剂等。

1. 颗粒物

颗粒物即颗粒污染物，是指大气中粒径不同的固体、液体和气溶胶体。粒径大于 10μm 的固体颗粒称为降尘，由于重力作用，能在较短时间内沉降到地面；粒径小于 10μm 的固体颗粒称为飘尘，能长期地飘浮在大气中。粉尘的主要来源是固体物质的破碎、分级、研磨等机械过程或土壤、岩石风化等自然过程以及燃料燃烧所形成的飞灰。目前大气质量评价中常用到一个重要污染指标——总悬浮颗粒物（TSP），它是指分散在大气中的各种颗粒物的总称，数值上等于飘尘与降尘之和。

2. 含硫化合物

硫常以二氧化硫和硫化氢的形式进入大气，也有一部分以亚硫酸及硫酸（盐）微粒形式进入大气，人类活动排放硫的主要形式是二氧化硫（SO_2）。天然气排入大气的硫化氢，也很快氧化为 SO_2，成为大气中 SO_2 的另一个源。

SO_2 是一种无色具有刺激性气味的不可燃气体，刺激眼睛、损伤器官、引发呼吸道疾病，甚至威胁生命，是一种分布广、危害大的大气污染物。SO_2 和飘尘具有协同效应，两者结合起来对人体的危害作用增加 3—4 倍。SO_2 在大气中不稳定，在相对湿度较大且有催化剂存在时，发生催化氧化，转化为 SO_3，进而生成毒性比 SO_2 大 10 倍的硫酸或硫酸盐。故 SO_2 是酸雨形成的主要因素之一。

3. 碳氧化合物

碳氧化合物主要是CO和CO_2。CO_2是大气中的正常组成成分，CO则是大气中排量极大的污染物。全世界CO年排放量约为2.10×10^8t，为大气污染物排放量之首。CO是无色、无味的有毒气体，主要来源于燃料的不完全燃烧和汽车尾气。CO化学性质稳定，可在大气中停留较长时间。一般城市空气中的CO水平对植物和微生物影响不大，对人类却是有害物质。因为一氧化碳与血红蛋白的结合能力比氧与血红蛋白的结合能力强200—300倍，当CO进入血液后，先与血红蛋白作用生成羧基血红素，它能使血液携氧能力降低而引起缺氧，使人窒息。

CO_2主要来源于生物呼吸和矿物燃料的燃烧，对人体无毒。在大气污染问题中，CO_2之所以引起人们普遍关注，原因在于它能引起温室效应，使全球气温逐渐升高、气候发生变化。

4. 氮氧化物

氮氧化物是NO、N_2O、NO_2、N_2O_4、N_2O_2等的总称，其中主要的是NO、N_2O、N_2O，是生物固氮的副产物，主要是自然源。故通常所说的氮氧化物，多指NO和N_2O的混合物，用NO_x表示。全球年排放氮氧化物总量约为10^9t，其中95%来自于自然源，即土壤和海洋中有机物的分解；人为源主要是化石燃料的不完全燃烧，如飞机、汽车、内燃机以及硝酸工业、氮肥厂、有色及黑色金属冶炼厂等。

NO的毒性与一氧化碳相当，可使人窒息。NO进入大气后被氧化成NO_2。NO_2的毒性约为NO的5倍。它既是形成酸雨的主要物质，也是光化学烟雾的引发剂和消耗臭氧的重要因子。

5. 碳氢化合物

碳氢化合物包括烷烃、烯烃和芳烃等复杂多样的含碳和氢的化合物。大气中碳氢化合物主要是甲烷，约占70%。大部分的碳氢化合物来源于植物的分解，人类排放的量虽然小，却很重要。碳氢化合物的人为来源主要是石油燃料的不充分燃烧过程和蒸发过程，其中汽车尾气占有相当大的比重。

目前，虽未发现城市中的碳氢化合物浓度对人体健康的直接影响，但已证实它是形成光化学烟雾的主要成分。另外，甲烷也具有温室效应，且效应比同量的二氧化碳大20倍。

6. 含卤素化合物

大气中的含卤素化合物主要是卤代烃以及其他含氯、溴、氟的化合物。大气中卤代烃包括卤代脂肪烃和卤代芳烃。如有机氯农药DDT、六六六，以及多氯联苯（PCB）等以气溶胶形式存在。含氟废气主要是指含HF和SiF4的废气。主要来源于钢铁工业、磷肥工业和氟塑料生产等过程。氟化氢是无色有强烈刺激性和腐蚀性的有毒气体，极易溶于水，还能溶于醇和醚。氟化氢对人的呼吸器官和眼角膜有强烈的刺激性，长期吸入低浓度的 HF 会引起慢性中毒。在氟污染区，大气中的氟化物被植物吸收而在植物体内积累，再通过食物链进入人体，产生危害，最典型的是“斑釉齿症”和使骨骼中钙的代谢紊乱“氟沉着症”。

7. 光化学烟雾（洛杉矶烟雾）

汽车、工厂等排入大气中的氮氧化物、碳氢化合物等一次污染物，在太阳紫外线的作用下发生光化学反应，生成浅蓝色的混合物（一次污染物与二次污染物）称为光化学烟雾。光化学烟雾的表观特征是烟雾弥漫，大气能见度低。一般发生在大气相对湿度较低、气温为 24—32℃的夏季晴天。光化学烟雾最早在美国的洛杉矶被发现，以后陆续出现在世界的其他地区。一般多发生在中纬度（亚热带）汽车高度集中的城市，如蒙特利尔、渥太华、悉尼、东京等。20 世纪 70 年代我国兰州西固石油化工区也出现了光化学烟雾效应。光化学烟雾成分很复杂，主要成分是臭氧、过氧乙酰硝酸酯（PAN）、大气自由基以及醛、酮等光化学氧化剂。夏季中午前后光线强时，是光化学烟雾形成可能性最大的时段。天空晴朗、高温低湿和有逆温层存在或地形条件，利于使污染物在地面积聚的情况都易于形成光化学烟雾。

光化学烟雾的危害非常大，烟雾中的甲醛、丙烯醛、PAN、O_3 等可刺激人眼和上呼吸道、诱发各种炎症。臭氧浓度超过嗅觉阈值（0.01—0.015mg/kg）时，会导致人哮喘。臭氧还能伤害植物，使叶片上出现褐色斑点。PAN 则能使叶背面呈银灰色或古铜色，影响植物的生长、降低抵抗害虫的能力。此外，PAN 和 O_3 还会使橡胶制品老化、染料褪色，对油漆、涂料、纤维、尼龙制品等造成损害。

8. 酸雨

环境科学中将 pH <5.6 的雨、雪等大气降水统称为酸雨。由于人类活动的影响，使大量 SO_2 和 NO_x 等酸性氧化物进入大气中，并经过一系列化学作用转化成硫酸和硝酸，随雨水降落到地面，形成酸雨。天然降水中由于溶解了 CO_2 而会呈现弱酸性，但一般 pH 不低于 5.6，故一般认为是大气中的污染物使降水 pH 达到 5.6 以下的，所以酸雨是大气污染的结果。

四、大气污染的危害

（一）对农业生产的危害

农田大气污染对农作物产生危害主要有两种方式：一是气体状污染物通过作物叶片上的气孔进入作物体内，破坏叶片内的叶绿体，影响作物的光合作用、受精过程等，以致影响生长发育、降低产量和改变品质；二是颗粒状污染即含重金属、氯气体，被作物吸附与吸收后，除影响作物生长外，还能残留在农产品中，造成农产品污染、影响食用。对农作物造成危害的大气污染物很多，其中以二氧化硫、氟化物、氟气、一氧化碳、氮肥氧化物和烟尘等危害较大。

1. 二氧化硫是对农业危害最广泛的空气污染物

二氧化硫自古以来作为植物“烟斑”的主要物质对植物产生危害。典型的二氧化硫伤害症状是出现在植物叶片的叶脉间的伤斑，伤斑由漂白引起失绿，逐渐呈棕色坏死。二氧化硫会在环境作用下产生“酸雨”，以降水形式危害农业生产，可以使土壤酸化，土壤微生物死亡、建筑受损。

2. 大气中的氟污染主要为氟化氢（HF）

HF 的排放量比二氧化硫小，影响范围也小些，一般只在污染源周围地区，但它对植物的毒害很强，比二氧化硫还要大 10—100 倍。空气中含 ppb 级浓度时，接触几个星期就可使敏感植物受害。氟化氢危害植物的症状与二氧化硫不同：伤斑首先在嫩叶、幼芽上发生；叶上伤斑的部位主要是叶的尖端和边缘，而不是在叶脉间；在被害组织与正常组织交界处，呈现稍浓的褐色或近红色条带，有的植物表现为大量落叶。

3. 光化学烟雾

氧化烟雾是包括臭氧（O_3）、氮氧化物（NO_x）、醛类（RCHO）和过氧乙烯基硝酸酯（RAN）等具有强氧化力的大气污染物的总称，又称为光化学烟雾。氧化烟雾中含有 90% 的臭氧，是主要的危害因素，还有 10% 左右的氮氧化物和约 0.6% 的过氧乙酰基硝酸酯类。植物受臭氧危害时，症状一般仅在成叶上发生，嫩叶不易发现可见症状。氮氧化物中，作为大气污染物主要是二氧化氮、一氧化氮和硝酸雾为主，而以二氧化氮为主，主要来源是汽车排气。二氧化氮危害植物的症状与二氧化硫、臭氧相似，在叶脉间、叶缘出现不规则水渍状伤害，逐渐坏死，变成白色、黄色或褐色斑点。

4. 煤烟粉尘是空气中粉尘的主要成分

工矿企业密集的烟囱和分散在千家万户的炉灶是煤烟粉尘的主要来源。烟尘中大于 10μm 的煤粒称为降尘，它常在污染源附近降落，在各种作物的嫩叶、新梢、果实等柔嫩组织上形成污斑。叶片上的降尘能影响光合作用和呼吸作用正常进行，引起褪色，生长不良，甚至死亡。重金属污染物也主要通过飘尘危害大气，还可通过沉降作用进入土壤，危害土壤生态环境。

其他的大气污染物，例如氯气、一氧化碳、氨、氯化氢等都会对作物产生危害。但由于不是主要的大气污染物，浓度相对较低，故对农业生产影响较小。

（二）对人体健康的危害

大气污染后，由于污染物质的来源、性质、浓度和持续时间的不同，污染地区的气象条件、地理环境等因素的差别，甚至人的年龄、健康状况的不同，对人均会产生不同的危害。大气污染对人体的影响，首先是感觉上不舒服，随后生理上出现可逆性反应，最后出现急性危害症状。大气污染对人的危害大致可分为急性中毒、慢性中毒和致癌三种。

1. 急性中毒

大气中的污染物浓度较低时，通常不会造成人体急性中毒，但在某些特殊条件下，如工厂在生产过程中出现特殊事故、大量有害气体泄漏外排、外界气象条件突变等，便会引起人群的急性中毒。如印度帕博尔农药厂甲基异氰酸酯泄漏，直接危害人体，导致了 2 500 人丧生，十多万人受害。

2. 慢性中毒

大气污染对人体健康产生慢性毒害作用，主要表现为污染物质在低浓度、长时间连续作用于人体后，出现的患病率升高等现象。近年来我国城市居民肺癌发病率很高，其中最高的是上海市，城市居民呼吸系统疾病明显高于郊区。

3. 致癌作用

致癌作用是长期影响的结果，是由于污染物长时间作用于肌体、损害体内遗传物质，引起突变。如果生殖细胞发生突变，使后代机体出现各种异常，称致畸作用；如果引起生物体细胞遗传物质和遗传信息发生突然改变作用，又称致突变作用；如果诱发成肿瘤的作用称致癌作用。这里所指的“癌”包括良性肿瘤和恶性肿瘤。环境中致癌物可分为化学性致癌物、物理性致癌物、生物性致癌物等。致癌作用过程相当复杂，一般有引发阶段、促长阶段。能诱发肿瘤的因素，统称致癌因素。由于长期接触环境中致癌因素而引起的肿瘤，称环境瘤。

（三）对大气和气候的影响

大气污染物质还会影响天气和气候。颗粒物使大气能见度降低，减少到达地面的太阳光辐射量。尤其是在大工业城市中，在烟雾不散的情况下，日光比正常情况减少 40%。高层大气中的氮氧化物、碳氢化合物和氟氯烃类等污染物使臭氧大量分解，引发的“臭氧洞”问题，成为全球关注的焦点。

从工厂、发电站、汽车、家庭小煤炉中排放到大气中的颗粒物，大多具有水汽凝结核或冻结核的作用。这些微粒能吸附大气中的水汽使之凝成水滴或冰晶，从而改变了该地区原有降水（雨、雪）的情况。人们发现在离大工业城市不远的下风向地区，降水量比四周其他地区要多，这就是所谓的“拉波特效应”。如果微粒中央夹带着酸性污染物，那么在下风地区就可能受到酸雨的侵袭。大气污染除对天气产生不良影响外，对全球气候的影响也逐渐引起人们关注。由大气中二氧化碳浓度升高引发的温室效应，是对全球气候的最主要影响。地球气候变暖会给人类的生态环境带来许多不利影响，人类必须充分认识到这一点。

五、大气污染的防治

从大气污染的发生过程分析，防治大气污染的根本方法，是从污染源着手，通过削减污染物的排放量、促进污染物扩散稀释等措施来保证大气环境质量。但目前现有的经济技术条件还不能根治污染源，因此，大气环境的保护就需要通过运用各种措施，进行综合防治。目前主要从以下几个方面入手寻求大气污染的控制途径。

（一）采取各种措施，减少污染物的产生

1. 区域采暖和集中供热

家庭炉灶和取暖小锅炉排放大量 SO_2 和烟尘是造成城市大气环境恶化的一个重要原因。城市采取区域采暖、集中供热措施，能够很好地解决这一问题。区域采暖、集中供热的好处表现在：①可以提高锅炉设备效率，降低燃料消耗量，一般可以将锅炉效率从50%—60% 提高到 80%—90%；②可以充分利用热能，提高热利用率；③有条件采用高效率除尘设备，大大降低粉尘的排放量。

2. 改善燃料构成

改善城市燃料构成是大气污染综合防治的一项有效措施。用无烟煤替代烟煤，推广使用清洁的气体、液体燃料，可以使大气中的 SO_2 和烟尘（降尘、飘尘）显著减少。

3. 进行技术更新，改善燃烧过程

解决污染问题的重要途径之一是减少燃烧时的污染物排放量。通过改善燃烧过程，以使燃烧效率尽可能提高、污染物排放尽可能减少。这就需要对旧锅炉、汽车发动机和其他燃烧设备进行技术更新，对旧的燃料加以改革，以便提高热机效率和减少废气排放。

4. 改革生产工艺，综合利用“废气”

通过改革生产工艺，可以力求把一种生产中排出的废气作为另一生产中的原料加以利用，这样就可以达到减少污染物的排放和变废为宝的双重效益。

5. 开发新能源

开发太阳能、水能、风能、地热能、潮汐能、生物能和核聚变能等清洁能源，以减少煤炭、石油的用量。以上新能源多为可再生性能源，在利用过程中不会产生化石能源开采使用的环境问题，是比较清洁的燃料。

（二）合理利用环境自净能力，保护大气环境

1. 搞好总体规划，合理工业布局

大气环境污染在很大程度上是工业排放的污染物造成的，合理进行工业布局是防治大气污染的一项基本措施，合理工业布局，就是按照不同的环境要求，如人口密度、能源消费密度、气象、地形等条件，安排布置工业发展。如对于风速比较小、静风频率较高、扩散条件较差的地区，不宜发展有害气体和烟尘排放量大的重污染型工业。工业建设项目的布局选址也很重要，在城市、风景区、自然保护区等敏感地区的主导风向上不应建设重污染型工业。虽然这样做可能会制约某些项目投资，但从防治大气污染和整个社会经济的长远发展看，是完全必要的。

2. 做好大气环境规划，科学利用大气环境容量

在环境区划的基础上，结合城市建设、总体规划进行城市大气环境功能分区。根据国家对不同功能区的大气环境质量标准，确定环境目标，并计算主要污染物的最大允许排放量。科学利用大气环境容量，就是根据大气自净条件（如稀释扩散、降水洗涤等），定量、定点、定时地向大气中排放污染物，保证在大气污染物浓度不超过环境目标的前提下，合理地利用大气环境资源。

3. 选择有利污染物扩散的排放方式

根据污染物落地浓度随烟囱的高度增加而减少的原理，我们可以通过广泛采用高烟囱和集合烟囱排放来促进污染物扩散、降低污染源附近的污染强度。集合烟囱排放就是将数个排烟设备集中到一个烟囱排放，这样可以提高烟气的温度和出口速度，达到增加烟囱有效高度的目的。这种方法虽可以降低污染物的落地浓度、减轻当地的地面污染，但却扩大了排烟范围，不能从根本上解决污染问题，尤其是在酸雨问题日益严重的今天，这种方法只能作为一种权宜之计。

4. 发展绿色植物，增强自净能力

首先，绿色植物能吸收 CO_2 放出 O_2。发展绿色植物，恢复和扩大森林面积，可以起到固碳作用，从而降低大气 CO_2 含量，减弱温室效应。除此之外，绿色植物还可以过滤吸附大气颗粒物、吸收有毒有害气体，起到净化大气的作用。研究表明，$1hm^2$ 的林木可以有相当于 $75hm^2$ 的叶面积，其吸附烟灰尘埃的能力相当大。就吸收有毒气体而言，阔叶林强于针叶林，而落叶阔叶林一般又比常绿阔叶林强，垂柳、悬铃木、夹竹桃等对二氧化硫有较强的吸收能力，而泡桐、梧桐、女贞等树木具有较强的抗氟能力，禾本科草类可吸收大量的氟化物。

城市绿化不仅可以净化大气，还可以调节温度、湿度，调节城市的小气候。在大片绿化带与非绿地之间，因温度差异，在天气晴朗时可以形成局地环流，有利于大气污染

物的扩散。国内外都在大力研究筛选各种对大气污染物有较强抵抗和吸收能力的绿色植物，以及绿化布局对空气净化作用的影响。同时努力扩大绿化面积、改善居住环境。

（三）加强大气管理

大气污染物总量控制也是一种行政手段，它是从大气环境功能区划分和功能区环境质量目标出发，然后考虑排污源与功能区大气质量间关系，通过区域协调、统筹分配允许排放量，把排入特定区域的污染物总量控制在一定的范围内，以实现预定的环境目标。运用经济方法管理环境，是按照经济规律办事的客观要求，充分利用价格、利润、信贷、税收等经济杠杆的作用，来调整各方面的环境关系，凡是造成污染危害的单位，都要承担治理污染的责任，对向大气环境排放污染物或超过国家标准排放的企业，根据超标排放的数量和浓度，按规定征收排污费。

大气环境技术管理是通过制定技术标准、技术政策、技术发展方向和生产工艺等进行环境管理，限制损坏大气环境质量的生产技术活动，鼓励开发无公害生产工艺技术。开展农田大气污染监测、制定实施农田大气环境质量标准，通过监测实时掌握污染动态和采取相应措施，从而减少污染危害；加强田间管理，合理施肥，提高作物抗污染能力。在作物上喷洒某些化学物质可以减轻污染危害的作用。如喷石灰乳液可减轻二氧化硫和氟化氢的危害。

总之，大气污染是一个复杂的并涉及多方面的环境问题，这些因素除了植物本身外，还有气候的、土壤的、污染物本身性质的，以及公众的环境意识等。大气污染与农业生产息息相关，关系到一个国家的稳定与健康发展。目前，虽然有很多治理农田大气污染的方法、措施，但都不够系统，效果不尽如人意。从根本上说，防治大气污染，还得从人们的环保意识和对新能源的开发着手，同时秉承可持续发展理论，才能从本质上解决问题。

第二节　水污染和处理

水是生命之源、生存之本、生态之魂。与城市相比农村的水环境问题更为复杂多样。本章主要从农村饮用水安全、农业面源污染对水环境的影响以及污水资源化利用三个方面着手，分析农村饮用水存在的问题，阐述农村农业面源污染的特点以及对水环境的影响，提出污水资源化与农业的途径。

一、农村饮用水安全

（一）农村饮用水安全的概念

什么是安全的水？不同国家的政府制定着不同的安全饮用水标准，同一个国家政府制定的安全饮用水标准也会随着社会经济的发展而变化。《1998 年世界发展指标》认为，安全的水是指经过处理的地表水和未经处理但未被污染的水，如泉水、安全的井水和得到保护的钻孔水。在农村地区，安全的水意味着家庭成员不必为取水而每天花费过多的时间。足够数量指的是安全的水是指能够满足新陈代谢、卫生和家庭需要的量，通常为每人每天 20L。

我国制定的农村饮用水安全卫生评价指标体系将农村饮用水安全分为安全和基本安全两个档次，由水质、水量、方便程度和保证率四项指标组成。四项指标中只要有一项低于安全或基本安全最低值，就不能认定饮用水安全或基本安全。

水质：符合国家《生活饮用水卫生标准》要求的为安全；符合《农村实施〈生活饮用水卫生标准〉准则》要求的为基本安全；低于《农村实施〈生活饮用水卫生标准〉准则》要求的为不安全。目前，我国对于农村饮用水是否安全主要从氟超标、砷超标、苦咸水、污染水等几个方面来判断。

水量：每人每天可获得的水量不低于 40—60L 的为安全，不低于 20—40L 的为基本安全；常年水量不足的，属于农村饮用水不安全。在我国，根据气候特点、地形、水资源条件和生活习惯，将全国划分为 5 个类型区，不同地区的安全饮用水量标准有所不同。安全饮用水水量标准从一区到五区分别是每人每天 40L、45L、50L、55L、60L。基本安全饮用水水量标准从一区到五区分别是每人每天 20L、25L、30L、35L、40L。

方便程度：人力取水往返时间不超过 10min 的为安全，取水往返时间不超过 20min 的为基本安全。多数居民需要远距离挑水或拉水，人力取水往返时间超过 20min，大体相当于水平距离 800m，或垂直高差 80m 的情况，即可认为用水方便程度低。

保证率：供水保证率不低于 95% 为安全，不低于 90% 的为基本安全。

（二）我国农村饮用水安全总体状况

在我国 9 亿多农村人口中，仍有 3 亿多人口饮用水达不到安全标准。根据国家发改委和水利部、卫生部组织的全国农村饮水安全现状调查评估结果，全国农村饮水不安全人口 3.23 亿，占农村人口的 34%。其中饮水水质不安全的有 2.27 亿人，占全国农村饮水不安全人口的 70%，其他 30% 为水量、方便程度或保证率不达标人口。在饮水水质不安全人口中，饮用水氟、砷含量超标的有 5 370 万人，占水质不安全人口的 23%；饮用苦咸水的有 3 850 万人，占水质不安全人口的 17%；饮用水中铁锰等超标的有 4 410

万人，占水质不安全人口的 19%；饮用水源被严重污染涉及的人口 9 080 万人，占水质不安全人口的 40%。

从分布来看，农村饮用高氟水人口主要分布在华北、西北、华东地区，80% 的高氟水人口分布在长江以北。长期饮用高氟水，可引起地方性氟中毒，出现氟斑牙和氟骨症，重者造成骨质疏松、骨变形，甚至瘫痪，最终丧失劳动能力；农村饮用高砷水人口主要分布在内蒙古、山西、新疆、宁夏和吉林等地。长期饮用砷超标的水可以造成砷中毒，导致皮肤癌和多种内脏器官癌变；农村饮用苦咸水人口主要分布在长江以北的华北、西北、华东等地区。长期饮用苦咸水导致胃肠功能紊乱、免疫力低下、诱发和加重心脑血管疾病。

农村饮用污染地表水的人口主要分布在南方；饮用污染地下水的人口主要分布在华北、中南地区。饮用水源污染造成致病微生物及其他有害物质含量严重超标易导致疾病流行，有的地方还因此暴发伤寒、副伤寒以及霍乱等重大传染病，个别地区癌症发病率居高不下。

近年来我国南方局部地区血吸虫病疫情有反扑的趋势，疫区群众因生产和生活需要频繁接触含有血吸虫尾蚴的疫水，造成反复感染发病，严重威胁人民群众的身体健康和生命安全。

过去，环保工作的重点一直在大中城市，而忽视了占全国总面积近 90% 的农村，致使农村环境问题日益恶化，特别是水环境。2006—2007 年，全国爱卫会与卫生部联合组织的全国首次农村饮用水与环境卫生调查结果表明：我国农村饮用水的水源主要以地下水为主，饮用地下水的人口占 74.87%，饮用地表水的人口占 25.13%；饮用集中式供水的人口占 55.10%，饮用分散式供水的占 44.90%。根据《生活饮用水卫生标准》GB5749-2006 作为评价标准，这次调查水样中未达到基本卫生安全的超标率是 44.36%；地面水超标率为 40.44%，地下水超标率为 45.94%；集中式供水超标率为 40.83%。农村饮用水污染指标主要是微生物，饮水中因细菌总数和总大肠菌群所引起的水质超标率为 25.92%；集中式供水中有消毒设备的仅占 29.18%，分散式供水基本直接采用原水。

据相关部门测算，全国农村每年生活垃圾产生量约为 2.8 亿 t，生活污水约 90 多亿 t，人粪尿年产生量 2.6 亿 t，而这些污染物绝大多数没有经过处理，直接排放至环境中，对农村饮用水安全造成严重的安全隐患。

在我国，部分农村地区的饮用水安全问题比城市饮用水安全问题更为严峻和突出，特别是中西部地区和贫困地区。这主要与农村人口分布松散、生活习惯不同等特征有关，也与城乡社会经济发展不平衡、城市和农村供水成本不同等原因有关。这样一些特点使解决农村饮用水安全的问题面临很大困难。据相关资料统计，我国的淡水资源使用总量为 4 600 亿 m3，占淡水资源总量的 16.4%。其中，农业用水量占了 87%，工业用水量占了 7%，生活用水量占 6%。《1998 年世界发展指标》指出：我国获得安全饮用水的人口占城市人口的 93%，占农村人口的 89%。总计同年我国使用安全饮用水的人口占全国总人口的 90%。

随着社会发展和进步，人们对安全饮用水要求标准逐渐提高，同时由于污染等造成的原本安全的饮用水现在变得不安全等原因，我国现在还有 3 亿多人口的饮用水不安全。有资料表明，截至 2004 年，我国还有 33% 的村庄没有合格的饮用水，自来水通村率也不到 50%。

在我国贫困地区的农村饮用水安全问题更为突出。《2004 年中国农村贫困监测报告》显示，2003 年，我国贫困地区有 18% 的农户饮用水困难，14.1% 的农户饮用水水源被污染，37.3% 的农户没有安全饮用水（除去水源被污染和取水困难的农户）。按饮用水水源分，饮用自来水的农户占全部农户的 32.2%；饮用深井水的农户占全部农户的 20.9%；饮用浅井水的农户占全部农户的 24.9%；直接饮用江河湖泊水的农户占全部农户的 6.9%；直接饮用塘水的农户占全部农户的 2.3%；直接饮用其他水源的农户占全部农户的 12.7%。在前三种水源中，去掉水源被污染和取水困难的农户，实际上有安全饮用水的农户占比例更小。

（三）农村饮用水安全管理中存在的问题

1. 饮水安全意识较差

由于长期城乡二元结构的原因，我国城乡的差距在过去 30 年不但没有缩小，在一些地区反而越来越大，部分地区的一些领导对农村饮用水安全问题的严峻形势认识不足，文化知识层次较低的广大农民对饮用水安全意识就更差。

2. 生活饮用水安全的法律、法规分散且不健全

饮用水安全是最大的民生问题。目前，为了确保老百姓能喝上清洁安全的饮用水，我国先后制定了一些相关的法律法规，但有关生活饮用水的法律法规分散在环保、卫生、建设等法律法规中，执行主体多样，基本上各行其是，形成“群龙不治水”的被动局面。

3. 饮水安全资金投入不足

农村改水是一项政策性强、涉及面广的社会系统工作，建设项目多，需要的资金投入量巨大，资金短缺一直是影响农村改水工程建设的一个主要原因。

4. 农村饮用水源水质监测与科研基础薄弱

饮用水安全需要长期进行动态监测，而目前我国针对农村饮用水源地的水质监测基本上还是空白，尤其是采用地下水作为饮用水的农村更是缺乏水质监管。因为在广大农村地区，由于水源地分散，规模小，水质水量不稳定，开展例行监测工作难度很大，从目前农村的实际情况看，还不具备开展农村饮水安全监测的能力。就国家层面而言，对

农村饮用水源开展的相关科研工作较少，没有针对饮用水源开展过系统全面的调查研究与分析评价，也没有针对农村饮水存在的主要问题开展系统的研究。

（四）保障农村饮水安全的对策

1. 注重解决农村饮用水存在的安全隐患

这主要指两方面：一是农村饮用水面临着工业污染，主要是工业企业排出来的没有经过处理的废水和废渣，直接渗入地下水源或直接排入农民直接饮用的塘水、河水或溪水等水源中，从而对水源造成污染；二是农村饮用水面临着农民生产和生活污染。农民因为使用化肥、农药等从事农业生产而间接对地下水源造成污染，饲养各种禽畜产生的粪便、垃圾等因为不能及时和正确处理而对水源产生污染。同时，生活废弃物等也对水源产生污染。

政府在加强农村饮用水安全管理的同时，应注意加强对水源水质的监测。加强农村卫生设施建设，控制和正确处理农村饮用水污染源，为农村饮用水的长远安全提供保障。政府要加大对工业企业项目的环境影响力监控，对存在饮用水污染的企业、项目要严格控制，甚至不审批、不上马，要坚决避免“一边治理，一边污染”的情况。

2. 多方筹集资金来解决农村饮用水安全问题

资金不足是农村各项公共事业发展的瓶颈之一。解决农村饮用水安全问题，需要政府的大量投入，这是主渠道。作为安全饮用水的受益主体，农民、村集体经济组织、企业也要贡献自己的一份力量。同时，还要发挥一些非政府组织、国际机构的力量。只有各方合力，才能将农村饮用水安全问题彻底解决。

3. 因地制宜地解决农村饮用水安全问题

我国地域广阔、水资源分布不均衡，各地农村饮用水水源、提水方式、用水量、水质、便利情况等均不同。因此，政府要因地制宜、因势利导，既要加强引导、宣传、维护和管理，又要加强财政投入，同时也要发挥村民、社区的积极性，保障农民喝上放心的水。各地情况不同，解决农村饮用水安全问题也要因地制宜。

4. 政府要加大对农村饮用水安全重要性的宣传力度

一方面，要加强政府内部对农村饮用水安全重要性的认识。将饮用水安全管理问题作为考核地方政府工作业绩的内容之一，使各级领导认识到饮用水安全是关系到人民身体健康、社会稳定，关系到农村发展、全面建成小康社会和基本实现现代化的大事。另一方面，要加强对农民的宣传，使每个人都认识到保护饮用水安全与自身利益的重要相关性，自觉参与到维护饮用水安全的行动中。

5. 增加科技经费投入，加强农村饮用水安全技术与产品的研发

保障农村饮用水安全是一个系统工程，特别是污染的控制和水源的净化专业性强、技术难度大，这就需要科技部门增加相应的经费投入，针对农村饮用水不达标的共性关键技术组织联合攻关与产品开发，当前应优先解决高氟水、高砷水的净化技术产品研发以及微生物超标饮用水的处理与深度净化技术。

二、农村农业面源污染

（一）农业面源污染的概念与特点

1. 农业面源污染的概念

农业面源污染指的是农业生产中，氮和磷等营养物质、农药及其他有机或无机污染物，通过农田地表径流和农田渗漏，形成对水环境的污染。

2. 农业面源污染的特点

农业面源污染起因于土壤的扰动而引起农田中的土粒、氮和磷、农药及其他有机或无机污染物质，在降雨或灌溉过程中，借助农田地表径流、农田排水和地下渗漏等途径大量进入水体，或因畜禽养殖业的任意排污直接造成水体污染。其特点表现如下。

（1）分散性和隐蔽性

与点源污染的集中性相反，面源污染具有分散性的特征。土地利用状况、地形、地貌、水文特征等的不同都会导致面源污染在空间上的不均匀性。排放的分散性导致其地理边界和空间位置不易识别。

（2）随机性和不确定性

大多数农田面源污染涉及随机变量和随机影响。区分进入污染系统中的随机变量和不确定性对非点源污染的研究是很重要的。例如，农作物的生产会受到自然（天气等）的影响，降雨量的大小和密度、温度、湿度的变化会直接影响化学制品（农药和化肥等）对水体的污染情况。此外，污染源的分散性导致污染物排放的分散性，因此其空间位置和涉及范围不易确定。

3. 广泛性和不易监测性

面源污染涉及多个污染者，在给定的区域内它们的排放是相互交叉的，加之不同的地理、气象、水文条件对污染物的迁移转化影响很大，因此很难具体监测到单个污染者的排放量。严格地讲，面源污染并非不能具体识别和监测，而是信息和管理成本过高。近年来，运用遥感（RS）、地理信息系统（GIS）可以对非点源污染进行模型化描述和模拟，为其监控、预测和检验提供了有力的数据支持。

（二）农业面源污染的来源与构成

在农业面源污染的诸多因素中，化学肥料、化学农药、畜禽粪便及养殖废弃物，没有得到综合利用的农作物秸秆、农膜和地膜、生产和生活产生的污水等都是造成污染的重要因素。

1. 肥料污染

目前，中国是化肥生产和消费的第一大国。我国化肥平均施用量高达 400 kg/hm^2，远超过发达国家 225 kg/hm^2 的安全上限。在肥料配比上，全国氮、磷、钾的比例平均为 1.00 ∶ 0.45 ∶ 0.17，氮肥用量偏高，重化肥、轻有机肥，造成土壤酸化、地力下降等后果；我国氮肥平均利用率约为 35%，大约相当于发达国家的 1/2，剩余部分除以氨和氮氧化物的形态进入大气外，其余大都随降水和灌溉进入水体，导致相当一部分地区生产的蔬菜和水果中的硝酸盐等有害物质残留量超标，直接威胁到人们的身体健康。不合理施用过量化学肥料，导致地下水和江河湖泊中氮、磷物质含量增高，造成水体富营养化。2007 年 5 月以来，太湖水体中氮、磷含量剧增，使太湖呈全湖性的富营养化趋势，这为藻类生长提供了条件，诸多因素导致蓝藻再次爆发，严重影响到无锡市饮用水源地水质。因水体富营养化，引得赤潮频发。据统计，2001 年我国海域共发生赤潮 77 次，累计影响面积达 1.5 万 hm^2，浙江省 2007 年 4 月 11 日—5 月 19 日，发生 6 次赤潮，这一“海上幽灵”的频繁发生，已对环境构成威胁。

2. 农药污染

目前，我国每年的农药用量在 260t 以上，其中杀虫剂 70t、杀菌剂 26t、除草剂 170t 以上。农药在各环境要素中循环并重新分布，污染范围极大扩散，导致全球大气、水体（包括地表水和地下水）、土壤及生物体内都含有农药及其残留。一般来讲，只有 10%—20% 的农药附着在农作物上，而 80%—90% 则流失在土壤、水体和空气中。被土壤吸收的农药一部分渗入植物体内被人或动物摄取；另一部分除挥发和径流损失外，也可被农作物直接吸收并残留于体内，造成残留化学农药污染。农药污染途径是直接水体施药（水产养殖业）、农田用药随雨水或灌溉水向水体迁移、农药企业废水排放、大气中飘移的农药随降雨进入水体、农药使用时的雾滴或粉尘微粒随风飘移溶解在水中，在灌水与降水等淋溶作用下污染地下水。1992 年太湖流域耕地农药用量为 8.072 kg/hm^2，是全国平均用药水平的 3.572 倍。按流失率 80% 计算，则 1 公顷耕地每年就会有 6.4 kg 农药流失到土壤、水和空气中。农药污染也是当前滇池重要的农业面源污染之一。农药污染不仅影响农产品的品质，对人类的健康亦有威胁。

3. 集约化畜禽养殖场污染

随着人民生活水平的不断提高，畜牧业和水产养殖业发展迅速，特别是集约化规模养殖场的涌现，产生了畜禽粪便污染问题，水产养殖业造成鱼类粪便、饲料沉淀污染和肥料污染，最终污染水体。根据推算，1988 年全国畜禽粪便的产生量为 18.84 亿 t，约为当年工业固废量的 3.4 倍，1995 年已达 24.85 亿 t，约为当年工业固废量的 3.9 倍。畜禽粪便主要污染物 COD、BOD、NH^{+4}、N、TP、TN 的流失量逐年增加，到 2010 年，其流失量分别达 728.26 万 t、498.83 万 t、132.20 万 t、41.95 万 t 和 345.50 万 t，其中总氮和总磷的流失量超过化肥的流失量。畜禽污水是造成水体富营养化的重要原因。据有关资料显示，养殖 1 头牛产生并排放的废水超过 22 人的生活和生产废水，养殖 1 头猪产生的污水相当于 7 人的生活产生的污水。未经处理把废弃物直接排入水系或农田，会造成地下水溶解氧含量减少、水质中有毒成分增多、水质恶化、严重时水体会发黑变臭，最终失去使用价值。

4. 农用塑料地膜污染

由于地膜增产效益明显，农民又希望其价格越低越好，一些厂商为了迎合农民的心理，生产厚度远低于国家标准的地膜，其强度差、易破损、造成碎片残留，且不易回收。据统计，我国农膜年残留量高达 35 万 t，残膜率达 42%，有近一半的农膜残留在土壤中；覆膜 5 年的农田农膜残留量可达 78 kg/hm²，目前我国有 670 万 hm² 覆盖地膜的农田污染状况日趋严重。农膜的大量使用固然带来了巨大的经济效益，但也给农田土壤带来了“白色污染”。农膜属于有机高分子化学聚合物，在土壤中不易降解，残留于土壤中会破坏耕层结构，影响土壤通气和水肥传导，对农作物生长发育不利，即使降解也会释放有害物质，其逐年在土壤中积累，对生态环境造成破坏。农膜中所含的联苯酚、邻苯二甲酸酯等还会对农产品带来污染，危害人类健康。

5. 农业废弃物和农村生活垃圾污染

我国每年产生 6.5 亿 t 秸秆，约有 2/3 被焚烧或变成有机污染物。2000 年我国农业源排放的甲烷占全国排放总量的 80%，氧化亚氮占 90% 以上。现在我国大部分农村地区采用焚烧来处理秸秆，既浪费资源又污染环境。焚烧稻秆产生的烟雾会对人体健康产生威胁，同时造成空气能见度降低，影响交通安全。我国的生活垃圾数量巨大，按 3 亿城镇人口，每人产生 1.0 kg/d，9 亿农村人口，每人产生 0.5 kg/d，共产生生活垃圾 75 万 t/d，全国每年合计增加生活垃圾 27 375 万 t。农村的生活垃圾基本不进行处理，农民随意倾倒垃圾的现象严重，尤其在河道两旁，造成了水体污染。大量生活垃圾的产生和积累，加剧了农村生态环境的恶化，成为农村面源污染的来源之一。

（三）农业面源污染的预防与控制

1. 完善法律法规，加强监管

各级政府应把治理农业面源污染提高到议事日程，通过制定相关政策和法规，加强管理，推进农用化学物质的合理利用，控制农药、化肥中对环境有长期影响的有害物质的含量，控制规模化养殖畜禽粪便的排放。建立健全面源污染的检测、研究机制，为更有效地防治面源污染提供科学的理论依据。实现农业生产发展、农民增收与农业环境保护的“三赢”。

2. 加大宣传力度，增强环保意识

基层农技推广人员及广大农民普遍存在对能产生面源污染的隐性污染源问题缺乏足够认识的现象，这是防治农业面源污染的最大障碍。通过加大宣传，提高人们的认知，特别是广大农民对面源污染的认识，引导农民科学种田、科学施肥、喷洒农药等，尽量减少由于农事活动而造成的资源浪费和环境中残余污染物的增加。

3. 推进农用化学物质的合理利用

规范农药、化肥、农膜等可产生污染的化学物质的应用种类、数量和方法。严格要求农药登记管理，调整农药产品结构，开发、推广应用高效、低毒、低残留农药新品种，推广农药减量增效综合配套技术，组织开展生物防治、推广使用生物农药，全面停止使用高毒、高残留农药；采取化学生物物理措施综合防治作物病虫害。大力推广测土配方施肥技术；推行平衡施肥技术，改善化肥施用结构，调配各元素营养比例，改变氮、磷、钾比例失调或营养单调的局面；研究应用合理的耕作制度，提高化肥利用率、减少化肥流失；扶持作物专用肥、复合配方肥等优质、高效肥料产品的应用。增强破废地膜的回收与管理，防止破废地膜在土壤中积累；加快可降解地膜的研究开发和应用生产速度。

4. 实现畜禽排泄物资源化利用、减量化处置

合理规划畜禽养殖规模和布局，妥善处理大中型禽畜养殖场粪便，开发研究或引进先进的禽畜排泄物综合利用技术与设备，加工成高效有机肥或转化为沼气等，促进废弃物的资源化、多样化综合利用。对规模化养殖业制定相应的法律法规，提倡“清污分流，粪尿分离”的处理方法。在粪便利用和污染治理的问题上，采取各种措施，削减污染物的排放总量。

三、污水的农业利用

（一）水资源分布与农业用水短缺

水资源是自然环境的基础，是维持生态系统的控制性要素，同时又是战略性经济资源，为综合国力的有机组成部分。我国水资源总量为 28 124 亿 m^3，次于巴西、俄罗斯、加拿大、美国和印度尼西亚，居世界第 6 位。但人均水资源占有量只有 2 200m^3，仅为世界人均水资源量平均值的 1/3 左右，居世界第 121 位，为世界上 13 个贫水国家之一。

受季风气候的影响，我国水资源的空间分布极不均匀，总体上由东南沿海向西北内

陆逐渐减少，北方地区水资源贫乏，南方地区水资源相对丰富。

灌溉在我国农业生产中历来占有重要的地位。发展灌溉农业，离不开水资源。而水资源的分布不均和人均水资源占有量的不足导致农业用水短缺，且随着工业化、城市化进程的加快，水资源“农转非”成为必然，缺水、水污染和农业用水效率偏低等问题相互交织，水资源危机已成为我国农业持续发展的重要制约因素。在农业生产中利用污水进行灌溉在我国就变得很必要，污水灌溉成为缓解农业水资源紧缺的重要途径。

（二）污水灌溉的经济社会效益

对污水进行适当的处理，科学合理地将污水资源运用于农业灌溉，可以带来较大的社会经济效益。

1. 缓解水资源短缺

随着社会经济的快速发展，各类用水量在飞速增加。农业灌溉水资源日益短缺，严重制约了我国农业的快速与健康发展。与此同时，工业和城市生活所排放的污水量也相当巨大，利用污水灌溉农田可以在一定程度上缓解目前灌溉水资源短缺的严峻局面。

2. 消除污染，改善环境

各类农作物、土壤中的微生物以及土壤本身对污水都有一定程度的净化能力。因此在污水灌溉的同时，农田对这些污水也进行了物理、化学以及生物净化，降低了污水直接排放或污水处理程度不够而引起水体严重污染的可能性，改善了生态环境。

3. 提高土壤肥力

污水中通常含有大量农作物生长所需要的营养物质，合理使用污水并充分利用其中的营养物质，可以提高土壤肥力、改善土壤的物理化学性质、促进植物生长，从而减少化肥使用量，削减农田投资、增加农民收入。

4. 降低污水处理成本

经过氧化塘、氧化沟等二级处理后的污水进入农田后，农田会对这些污水进行更深层次的物理、化学以及生物净化。这一过程相当于更高级别的污水净化处理，减少污水处理的级数和复杂程度，从而降低污水处理成本。

5. 增加粮食产量

把大量的污水用于农业，充分利用大量污水资源，保证和发展农业灌溉，从而增加我们国家的粮食产量。

（三）污水灌溉的环境与健康风险

1. 污水灌溉对土壤环境质量的影响

土壤是天然的净化器，土体通过对各种污染物的机械吸收、阻留，土壤胶体的理化吸附、土壤溶液的溶解稀释，土壤中微生物的分解及利用，发生物理和生物化学作用，大部分有毒物质会分解、毒性降低或转化为无毒物质，有机物为作物生长发育所利用。但是土壤的净化和缓冲能力是有一定限度的，长期引用未经任何处理的不符合标准的污水灌溉农田，土壤中的有机污染物及重金属含量超过了土壤吸收和作物吸收能力，必然造成土壤污染，出现土壤板结、肥力下降、土壤的结构和功能失调，使土壤生态系统平衡受到破坏，引起土壤环境恶化、土壤生物群落结构衰退、多样性下降，产生生态环境问题。

2. 污水灌溉对作物品质与安全性的影响

关于污灌对农作物品质的影响，目前看法不一，一种认为污灌降低了麦稻蛋白质含量，而且随着污灌年限的增加，麦稻品质逐年下降；另一种看法是，在一般情况下污水灌溉后粮食内蛋白质增加。只有在田间管理不当或污水水质较差的情况下可能引起蛋白质下降。有研究表明污水灌溉对冬小麦茎叶的生长发育有一定的促进作用，并能使产量提高 17.6%—31.1%。还有研究认为生活污水对大白菜和菠菜的生长、品质以及养分吸收没有明显的负面影响。此外，有些研究显示，灌水量、灌溉水质、施肥量对冬小麦株高的影响很小。

在安全性方面，污水灌溉会在作物体内形成重金属残留。比如，污水灌溉后白菜叶子和根中重金属含量明显大于一般水灌溉的白菜叶子和根中重金属含量。人体健康就会因为食用这些重金属残留作物而受到威胁。

3. 污水灌溉对地下水环境质量的影响

从以往的资料来看，污灌区地下水中硝酸盐和硬度有所升高。这是由于不科学的污水灌溉再加上大量使用化肥，使地下水的总硬度、含盐量逐渐增加，特别是地下水中 NO^{3-} 含量的增加，使污灌区地下水污染问题越来越严重。虽然水土系统中的反硝化作用会降解一部分 NO^{3-}，但是污水灌溉对地下水的 NO^{3-} 污染应当引起重视。由于污水中的高 NO^{3-} 含量，污水灌溉首先会使 NO^{3-} 在土壤中累积，并有可能因为淋溶土壤中的 NO^{3-} 而污染地下水。

刘凌在徐州汉王实验基地进行了含氮污水灌溉实验研究，得出：①污水灌溉对下层土壤及地下水中 NH4+ 浓度影响较小，大多数 NH^{4+} 将被上层土壤吸附、转化。②污水灌溉对土壤水及地下水中 NO^{3-} 浓度影响较大，尤其是长期进行污灌的土壤，易造成地下水中 NO^{3-} 污染。一般地，污水中的 NH^{4+} 含量较高。污水灌溉到土壤后，水中的

NH_4^+ 将与土壤胶体表面的 Ca^{2+}、Mg^{2+} 发生离子交换反应，造成地下水硬度升高和土壤含氮量的增加。另外，土壤中的 NH_4^+ 会发生硝化作用，其最终产物 NO_3^- 会在短期内加重地下水的污染。

污水灌溉增加了地下水硬度，这是因为城市生活污水和工业废水中含有高浓度的 Na^+，在渗透过程中，能将土壤或含水层中吸附的 Ca^{2+}，Mg^{2+} 置换出来，从而造成地下水硬度的增高。

4. 污水灌溉对灌区人群健康的风险

污水灌溉对人体的健康的影响有三条途径，一是污水灌溉造成土壤污染，特别是土壤的重金属污染，进而污染农作物，通过食物链进入人体内累积衍生多种慢性疾病；二是污水灌溉导致地下水或河水污染，通过食用生活饮用水或水产品产生疾病，如日本的“水俣病”；三是用污水灌溉时，会产生硫化氢等有害气体，而且污水中还携带病菌和寄生虫等，这些对周围环境产生直接影响。如在很多污灌区周围的生活区都有流行病的发生。

第三节　生活污水的处理和利用

我国农村污水普遍缺乏有效处置，全国农村每年产生 80 多亿 t 生活污水，但却有 96% 的村庄没有污水处理系统及排污设施，生产和生活污水随意排放。由于农村人口数量多、居住分散，没有相关的污水收集和处理设施，大量生产和生活废水未经处理直接排放，不仅对当地的生态环境造成破坏，也对河流水库水体造成了严重污染，导致了许多水污染事件。本章分析了农村生活污水的排污特征，提出了农村生活污水的处理技术与利用模式。

一、农村生活污水的排污特征

我国长期的城乡二元结构导致在污水处理方面城乡之间差别显著：在城市，污水不但有完善的收集、处理技术和设施，而且还有国家颁布系统的法律法规和标准加以控制；而占全国总面积近 90% 的广大农村，96% 的村庄没有排水渠道和污水处理系统。农村生活污水中大量的污染物质加重受纳水体的污染，造成水体水质恶化，特别是污水中含有大量氮、磷，会使水体富营养化，这个问题引起了人们的普遍关注。

当前，我国农村水环境的现状与建设社会主义新农村、构建和谐社会的要求不相适应，并已成为农村经济社会可持续发展的制约因素。农村环境问题已引起党中央、国务院及社会各界的高度重视和广泛关注，全国各地兴起了农村水环境治理的高潮。

农村生活污水主要来源于居民生活过程中冲厕污水、洗衣、洗米、洗菜、洗浴和厨房污水等。由于农村的特殊性，一般没有固定的污水排放口，排放比较分散，其污水的水质、水量、排放方式有自身特点。

（一）污水量、水质特点

1. 分散、面广

厨房炊事用水、沐浴、洗涤用水和冲洗厕所用水的，这些用水分散，农村没有任何收集的设施，随着雨水的冲刷，随着地表流入河流、湖沼、沟渠、池塘、水库等地表水体、土壤水和地下水体。

2. 变化系数大

居民生活规律相近，导致农村生活污水排放量白天大，夜间排水量小，甚至可能出现断流，水量变化明显，即污水排放呈不连续状态，具有变化幅度大的特点。

3. 量大

根据 2006 年的数据，农村地区生活污水排放量为 80 亿 t。

4. 大部分农村生活污水性质相差不大

一般 BOD5 ≤ 250 mg/L，CODCr ≤ 500 mg/L，pH 在 6—8，SS ≤ 500 mg/L，色度（稀释倍数）≤ 100，水中基本上不含重金属和有毒有害物质，含一定量的氮和磷、水质波动大、可生化性好。

5. 含有多种病原体，危害人体健康。

（二）排水体制特点

目前农村一般无完善的污水排放系统，部分靠近城市、经济发达的农村建有合流制排水管网；一些村庄利用自然沟或泄洪渠铺设简易的排水管渠，污水就近排入各沟渠；大部分农村的污水任意排出，无排水系统；自然村落布局零乱，排污口分布散乱。据调查，北京、西北地区（甘肃和宁夏）、华北地区（山东和河北）、山西、新疆农村分别有 20%、58%、23%、2% 及 30% 的农户生活污水自由排出，山西 89% 的农户将污水排入户外水沟。

（三）地区差异较大

我国地域发展不平衡，不同地域间农村的经济水平、地理位置、气候等差别较大，加之农村长期以来形成的居住方式、生活习惯等方面的差异较大，导致水污染情况不同。

二、农村生活污水的处理技术

（一）农村生活污水处理现状

长期以来，经济相对落后的农村村镇的污水处理工作没有得到应有的重视，除某些水源保护区的农村有简单的污水处理装置外，绝大部分处于放任自流状态。国内对农村生活污水的治理随着三河、三湖污染的加重才刚刚得到重视，但农村生活污水治理工程较少，很多处理技术也仅仅处在示范研究阶段。目前农村生活污水的治理存在许多难点：即基建投资以及运行费用较大；农村经济实力以及技术力量很难满足常规城市生活污水处理厂技术要求；生态环境意识淡薄，对农村生活污水治理工作的必要性缺乏了解与重视；农村都没有完善的污水管网；针对农村污水的相应的规定和管理制度不够健全。因此，急需要开发高效、低能耗、低成本的污水资源化技术，引进适合我国国情的国外发达国家的先进技术与工艺，解决农村生活污水污染问题。

（二）农村生活污水处理技术分类

1. 生态处理技术

污水生态技术是指运用生态学原理，采用工程学手段，把污水有控制地分配到土地上，利用土壤 - 植物 - 微生物复合系统的物理、化学等方法对污水中的水、肥资源加以回收利用，对污水中可降解污染物进行净化的工艺技术，是污水治理与水资源利用相结合的方法。污水生态处理技术以土地处理方法为基础，是污水土地处理系统的进一步发展。以土壤介质的净化作用为核心，在技术上特别强调在污水污染成分处理过程中植物 - 微生物共存体系与处理环境或介质的相互关系，特别注意对生态因子的优化与调控。

污水生态处理体系根据处理目标和处理对象的不同，土地处理系统可以分为快速渗滤生态处理系统（RF-ETS）、慢速渗滤生态处理系统（SF-ETS）、湿地生态处理系统（W-ETS）、地表漫流生态处理系统（OF-ETS）、地下渗滤生态处理系统（SI-ETS）5 种类型。

（1）快速渗滤生态处理系统（RF-ETS）

快速渗滤生态处理系统（rapid filtering eco-treat-ment system，RF-ETS），其定义为有控制地将污水投放于渗透性能较好的土地表面，使其在向下渗透的过程中由于生物氧化、硝化、反硝化、过滤、沉淀、氧化和还原等一系列作用，最终达到净化污水的目的。在快速渗滤系统运行中，污水是周期地渗滤田灌水和休灌，使表层土壤处于淹水 / 干燥，即厌氧、好氧交替运行状态，在休灌期，表层土壤恢复好氧状态，在这里产生强力的好氧降解反应，被土壤层截留的有机物为微生物所分解，休灌期土壤层脱水干化有利于下一个灌水周期水的下渗和排除。在土壤层形成的厌氧、好氧交替运行状态有利于氮、磷的去除。

RF-ETS 已经成为我国污水土地处理系统的重要组成部分，这种系统是成功的和经济有效的污水处理方法，它与常规的二级生化污水处理系统相比，具有处理效果好、可以解决污水排入地表水体而产生富营养化的问题以及基建投资和运行费用低等优点，适用于大、中城市市政污水管网不能达到的区域即中、小城镇居民点等地区，作为城市污水集中处理的辅助措施或工矿企业和事业单位污水排放口及乡镇生活污水等小规模污水的分散治理，有着广阔的应用前景。

RF-ETS 系统的主要工艺特征有以下几个方面：①预处理一般处理用于限制公众接触的隔离地区，二级处理用于控制公众接触的地区。②水量调节与贮存系统在冬季往往需降低负荷地运行。另外，在渗滤池维修时也要考虑贮存部分污水，可通过冬季增加系统面积的方法来解决。③土壤植物系统。适用于 RF-ETS 系统的场地条件为：土层厚度＞ 1.5 m、地下水位＞ 1.0 m、土壤渗透系数为 0.36—0.6 m/d、地面坡度 <15%。土地用途为农业区或开阔地区，对植物无明显要求；④再生水收集。可采用明渠、暗管和竖井方式，再生水回收后可用于各种回用用途。

北京通州区小堡村生活污水经快速渗滤处理系统处理后，出水生物需氧量（BOD5）为 1.71 mg/L，化学需氧量（CODCr）为 11.81 mg/L，（氨氮）NH3-N 为 3.04 mg/L，水质指标达到了一级排放标准。但是，我国 RF-ETS 只是替代常规二级污水处理，而国外是替代三级污水处理，因此，国内 RF-ETS 出水水质较国外低。

（2）慢速渗滤生态处理系统（SF-ETS）

慢速渗滤生态处理系统是土地处理技术中经济效益最大、水和营养成分利用率最高的一种类型。慢速渗滤系统是将污水投配到种有作物的土壤表面，污水在流经地表土壤—植物系统时，得到充分净化的一种土地处理工艺类型。

在慢速渗滤系统中，土壤—植物系统的净化功能是其物理化学及生物学过程综合作用的结果，具体为：在该处理系统中，投配的污水部分被修复植物吸收利用，一部分在渗入底土的过程中其中的污染物通过土壤中有机物质胶体的吸收、络合、沉淀、离子交换、机械截留等物理化学固定作用被土壤介质截获，或被土壤微生物及土壤酶的降解、转化和生物固定。另外，还有土壤中气体的扩散作用及淋溶作用。

慢速渗滤系统适用于渗水性良好的土壤、砂质土壤及蒸发量小、气候湿润的地区。废水经喷灌或面灌后垂直向下缓慢渗滤，土地净化田上种作物，这些作物可吸收污水中的水分和营养成分，通过土壤—微生物—作物对污水进行净化，部分污水蒸发和渗滤。慢速渗滤系统的污水投配负荷一般较低、渗滤速率慢、故污水净化效率高，出水水质优良。慢速渗滤系统有处理型和利用型两种。其主要控制因素为：灌水率、灌水方式、作物选择和预处理等。

（3）湿地生态处理系统（W-ETS）

污水的湿地生态处理系统是将污水有控制地投配到土壤—植物—微生物复合生态系统，并使土壤经常处于饱和状态，污水在沿一定方向流动过程中在耐湿植物和土壤相互联合作用下得到充分净化的处理工艺类型。

①自然湿地处理系统以芦苇自然湿地处理生活污水最为典型。一般由预处理系统、集水与布水系统、芦苇地处理床组成。芦苇处理床在天津已有应用，对COD、总氮、总磷有较高的去除率。但自然湿地处理系统占地面积大，不适合土地缺乏的农村地区。

②人工湿地处理系统人工湿地技术是20世纪60年代发展起来的一种污水处理技术。1953年，德国研究者Dr.Kathe Seidel在实验过程中发现芦苇能去除大量的无机和有机污染物，在随后的几年时间里，这些实验室开始进行了许多大规模实验，用以处理工业废水、江河水、地面径流和生活污水。经过30多年的发展，该技术在北美和欧洲得到了大规模应用。

人工湿地是模拟自然湿地的人工生态系统，在一定长宽比和底面坡度的洼地上用土壤和填料（如砾石等）混合组成填料床，并有选择性地在床体表面植入植物。从而形成一个独特的动植物生态体系。当污水在床体的填料缝隙中流动或在床体表面流动时，经砂石、土壤过滤，植物富集吸收，植物根际微生物活动等多种作用。其中的污染物质和营养物质被系统吸收、转化或分解，从而使水质得到净化。

我国进行湿地处理系统研究较晚，在“七五”期间开始人工湿地研究。首例采用人工湿地处理污水的研究工作始于1987年，由天津市环境保护研究所建成占地6平方千米的处理规模为1 400 m3/d的芦苇湿地工程; 1989年建成了北京昌平自由水面人工湿地，处理量为500 kg/d的生活污水和工业废水，处理效果良好，优于传统的二级处理工艺；20世纪90年代又在深圳建成白泥坑人工湿地示范工程。此后，国家环保部与中国科学院各单位相继采用人工湿地处理污水进行过一系列试验，对人工湿地的构建与净化功能进行了阐述。

人工湿地技术处理效果好，通常情况下BOD5的去除率可达85%—95%，CODcr的去除率可达80%以上，处理出水中的BOD5<10 mg/L、SS<20mg/L；N、P去除能力强，TN和TP的去除率分别可达60%和90%；投资省，人工湿地污水处理系统与普通污水处理系统相比，其工程投资可节省40%—50%；操作简单、维护和运行费用低，是传统二级活性污泥处理工艺的10%—30%。

人工湿地根据水流方向可以分为三类。

第一类：表面流湿地

该类型湿地和自然湿地极为相似，污水以较慢的速率在湿地表面漫流。污水中有机物的去除主要依靠床体表面的生物膜和水下植物茎、秆上的生物膜来完成，氧主要来自于水体表面扩散、植物根系的传输和植物的光合作用。

第二类：水平潜流湿地

该类型湿地主要特征是污水从湿地一端进入另一端流出，污水在填料床表面下水平流过，床体表面无积水、床底设有防渗层。

第三类：垂直流湿地

污水从湿地表面纵向流到填料床的底部，床体处于不饱和状态，氧可通过大气扩散和植物传输进入湿地。其硝化能力高于水平潜流湿地，可用于处理 NH4+-N 含量较高的污水。但处理有机物能力不如水平潜流人工湿地系统，落干、淹水时间较长，控制相对复杂，夏季有滋生蚊蝇的现象。

（4）地表漫流生态处理系统（OF-ETS）

地表漫流生态处理系统（overland flow eco-treat-mentsystem，OF-ETS）是以表面布水或低压、高压喷洒形式将污水有控制地投配到生长多年牧草、坡度和缓、土地渗透性能低的坡面上，使污水在地表沿坡面缓慢流动过程中得以充分净化的污水处理工艺类型。

OF-ETS 兼有处理污水与生长牧草的双重功能，它对预处理程度要求低，出水以地表径流为主，对地下水影响最小。只有少部分水量因蒸发与下渗而损失，大部分径流汇入集水沟。

（5）地下渗滤生态处理系统（SI-ETS）

地下渗滤生态处理系统（subsurface infiltration eco-treatment-system，SI-ETS）是将污水投配到具有特定构造和良好扩散性能的地下土层中，污水在经土壤毛管浸润和土壤渗滤作用向周围扩散和向下运动，通过过滤、沉淀、吸附和在微生物作用下的降解，达到处理利用要求的污水处理工艺类型。

地下渗滤系统具有运行管理简单、不影响地面景观、基建及运行管理费用低、氮磷去除能力强、处理出水水质好、可用于污水回用等特点。

其中毛管渗滤土地处理技术是一种较有代表性的污水地下渗滤处理系统，在我国的北京、上海、辽宁、贵州、浙江、福建等地均已有成功应用的实例。例如，1992 年，北京市环境保护科学研究院建造了一个相当于实际规模的污水地下毛管渗滤系统。

2. 蚯蚓生态滤池

蚯蚓生态滤池就是根据蚯蚓吞食有机物、提高土壤渗透性能和蚯蚓与微生物的协同作用等生态学功能而设计的一种污水生态系统处理技术。由于蚯蚓生态滤池具有基建及运行管理费用低、氮磷去除能力强、处理出水水质好且可回用等特点，该技术首先在城市生活污水处理、污泥稳定和处置中得到初步研究和应用。蚯蚓生态滤池污水处理技术最早在法国和智利研究开发，国外已经开始产业化应用。蚯蚓生态滤池处理系统的设计集初沉池、曝气池、二沉池、污泥回流设施等于一体，大幅度简化污水处理流程；运行管理简单方便，并能承受较强的冲击负荷；处理系统基本不外排剩余污泥，去除污泥率大幅低于普通活性污泥法；通过蚯蚓的运动疏通和吞食增殖微生物，解决传统生物滤池所遇到的堵塞问题。对于污水收集相对困难、技术水平相对落后、生活污水必须得到治理的农村地区来说，这是一种极具推广价值的污水处理技术。

污染控制与资源化国家重点实验室和杭州市环境保护科学研究院对蚯蚓生态滤池处理太湖流域农村生活污水进行现场试验研究。通过对蚯蚓同化容量与污染负荷进行单因素分析，得出蚯蚓生态滤池处理农村生活污水的运行参数与运行方式，并据此进行连续运行试验。结果表明，在表面水力负荷 1m3/（m2・d）、湿干比（布水时间和落干时间之比）1:3、蚯蚓负荷（以单位体积填料中蚯蚓的质量计）12.5 g/L 的条件下，蚯蚓生态滤池处理农村生活污水具有可行性与高效性，单级系统的 COD、总氮、氨氮和总磷的去除率分别在 81%、66%、82% 和 89% 左右，并提出改进蚯蚓床填料、设计通风结构和采取适宜运行方式，是蚯蚓生态滤池成功应用于农村生活污水处理的三大重要因素。

3. 稳定塘处理技术

稳定塘旧称氧化塘或生物塘，是一种利用天然净化能力对污水进行处理的建筑物的总称。其净化过程与自然水体的自净过程相似。通常是将土地进行适当的人工修整，建成池塘，并设置围堤和防渗层，依靠塘内生长的微生物来处理污水。主要利用菌藻的共同作用处理废水中的有机污染物。稳定塘污水处理系统具有基建投资和运转费用低、维护和维修简单、便于操作、能有效去除污水中的有机物和病原体、无须污泥处理等优点，是由美国加州大学伯克利分校的 Oswald 提出并发展的。在我国，特别是在缺水干旱的地区，是实施污水的资源化利用的有效方法，所以稳定塘处理污水近年来成为我国着力推广的一项新技术。

按照塘内微生物的类型和供氧方式来划分，稳定塘可以分为以下五类。

（1）好氧塘

好氧塘的深度较浅，阳光能透至塘底，全部塘水内都含有溶解氧、塘内菌藻共生，溶解氧主要是由藻类供给，好氧微生物起净化污水作用。

（2）兼性塘

兼性塘的深度较大，上层是好氧区，藻类的光合作用和大气复氧作用使其有较高的溶解氧，由好氧微生物起净化污水作用；中层的溶解氧逐渐减少，称兼性区（过渡区），由兼性微生物起净化作用;下层塘水无溶解氧,称厌氧区,沉淀污泥在塘底进行厌氧分解。

（3）厌氧塘

厌氧塘的塘深在 2m 以上，有机负荷高，全部塘水均无溶解氧、呈厌氧状态，由厌氧微生物起净化作用，净化速率慢，污水在塘内停留时间长。

（4）曝气塘

曝气塘采用人工曝气供氧，塘深在2m以上，全部塘水有溶解氧，由好氧微生物起净化作用，污水停留时间较短。

（5）其他类型的稳定塘

深度处理塘又称三级处理塘或熟化塘，属于好氧塘。其进水有机污染物浓度很低，一般 BOD5 ≤ 30 mg/L。常用于处理传统二级处理厂的出水，提升出水水质，以满足受纳水体或回用水的水质要求。

水生植物塘在塘内种植一些纤维管束水生植物，比如芦苇、水花生、水浮莲、水葫芦等，能够有效地去除水中的污染物，尤其是对氮、磷有较好的去除效果。第一个有记录的塘系统是美国于1901年在得克萨斯州圣安东尼奥市修建的。目前，美国有7 000多座稳定塘，德国有2 000多座稳定塘，法国有1 500多座稳定塘，在俄罗斯稳定塘已成为小城镇污水处理的主要方法。稳定塘除了能够很好地处理生活污水，对各种废水也都表现出优异的处理效果，广泛应用于处理石油、化工、纺织、皮革、食品、制糖、造纸等工业废水。

由于稳定塘具有经济节能并能实现污水资源化等特点，所以受到我国政府的高度重视。20世纪80年代，国家环保局主持了被列为国家“七五”和“八五”科技攻关项目的氧化塘技术研究，我国政府对稳定塘一直采取鼓励扶持的措施。国家环保局曾拨款300万元，资助齐齐哈尔对稳定塘进行了改建和扩建。目前，我国规模较大的稳定塘有：日处理20万 m^3 城市污水的齐齐哈尔稳定塘、日处理17万 m^3 城市污水的西安漕运河稳定塘、日处理3万 m^3 城市污水的山东胶州氧化塘和日处理8万立方米化工废水的湖北鸭儿湖氧化塘等。

目前，稳定塘除了用于处理中小城镇的生活污水之外，还被广泛用来处理各种工业废水。此外，由于稳定塘可以构成复合生态系统，而且塘底的污泥可以用作高效肥料，所以稳定塘在农业、畜牧业、养殖业等行业的污水处理中也得到了越来越多的应用。特别是在我国西部地区，人少地多，氧化塘技术的应用前景非常广泛。

4. 一体化成套设备处理技术

一体化污水处理装置有很多类型，处理装置一般采用的工艺有预处理（如厌氧滤池）与好氧生化（如接触曝气池、生物滤池或移动床接触滤池）处理，有的还设计有深度处理部分，如消毒、膜技术等。

日本对小型污水净化槽的研究比较早，日本法律规定凡是使用了水冲式厕所而没有下水道系统的地区，均要安装净化槽。在日本约有66%的用户使用 Gappei-shori 净化槽或者集中处理系统处理生活污水，净化槽具有占地小，处理效果稳定，操作管理方便等特点。目前，日本安装有800万个小型净化槽，服务人口约3 600万，在缺乏排水系统的边远乡村应用比较成熟。对此类净化设施进行消化、吸收、改进后，可以用于我国经济水平较高、污水处理要求较高的农村地区污水处理。

生物接触氧化技术在国内应用较多，处理农村面源污水、东莞珠江花园、盐城毓龙小区、山西五阳煤矿工人新村污水治理工程以及北京西客站建筑中水工程都有利用；河海大学研究和使用的滤床技术，适应于处理200户左右的集中的污水处理；水解酸化—向上流曝气生物滤池工艺处理适合于小城镇污水的集中；MBR工艺由膜分离和生物处理组合，是一种新型、高效的污水处理工艺，在北京密云、怀柔等水源保护区附近的农村已经使用，运行效果良好。在浙江某示范村，按处理水量80 t/d设计，该一体化处理设施以厌氧工艺为主，集生物降解、污水沉降、氧化消毒等于一体，设施结构紧凑、占地少、可整体设置于地下，运行经济、抗冲击负荷能力强、处理效率高、施工、管理维修方便。

发展集预处理、生化处理以及深度处理于一体的中小型污水一体化装置，是今后农村生活污水分散处理的技术之一。

三、农村污水的处理与利用模式

（一）处理模式

处理模式主要有分散、集中及接入市政管网统一处理模式三种，应结合农村现状，因地制宜，选择合适的处理模式。

1. 分散处理模式

分散处理模式即将农户污水分区收集，稍大或邻近的村庄联合为宜，各区域污水单独处理。一般采用中小型污水处理设备或自然处理等形式。该处理模式具有布局灵活、施工简单、管理方便、出水水质有保障等特点，适用于布局分散、规模较小、地形条件复杂、污水不易集中收集的村庄污水处理。通常在我国中西部村庄布局较为分散的地区采用。

（1）国外分散式处理技术应用

在污水处理方面，广泛采用了自然土地处理法和生物化学处理法。澳大利亚研发了一种Filter的高效、持续性的污水灌溉技术。它先将污水用于作物灌溉，然后将经过灌溉土地处理后的水汇集到地下暗管排水系统中排出，特别适用于土地资源丰富、可以轮作休耕的地区，或是以种植牧草为主的地区，一般用于大田作物。美国是发展人工湿地最多的国家，有600多处人工湿地用于市政、工业和农业废水。在欧洲一些国家，如丹麦、德国、英国等至少有200多个人工湿地在运行，多用于对人口规模近千人的乡村级社区进行处理。韩国作为一个典型春旱气候的国家，发展了人工湿地与废水稳定塘相结合的土地处理技术，稳定塘储存用水可用于春旱的补充用水。

厌氧消化技术具有低造价、低运行费、能回收利用能源等特点，它在分散生活污水的处理中得到了越来越广泛的研究与应用。近 20 年来，发明了越来越多的高速处理设备和技术，如厌氧滤池（AF）、升流式污泥床反应器（UASB）、厌氧膨胀颗粒污泥床（EGSB）等，荷兰、巴西、哥伦比亚、印度等国家已建成生产性 UASB 来处理生活污水。

（2）我国分散式处理技术应用

在我国广大农村地区，普遍应用的分散式处理技术为土地处理技术和厌氧消化技术。

①土地处理技术。

土地处理技术是一项造价低、经费低、低能耗或无能耗、易于维护的污水处理技术，研究和应用比较多的污水土地处理工艺有快速渗滤处理系统、人工湿地处理系统和地下渗滤处理系统。

清华大学的刘超翔等人在滇池流域的农村进行了人工湿地处理生活污水的试验和生态处理系统设计。刘超翔在试验的基础上，对滇池流域农村污水生态处理系统进行了设计，设计处理水量 80 m^3/d，设计进水水质：COD 为 200 mg/L，总氮为 30 mg/L，氨氮为 23 mg/L，总磷为 5 mg/L，设计出水水质：COD 去除率 $\geqslant$ 80%，总氮去除率 $\geqslant$ 85%，总磷去除率 $\geqslant$ 85%，采用表面流人工湿地、潜流式人工复合生态床和生态塘组合工艺，表面流人工湿地水力负荷为 4 cm/d，地面以上维持 30 cm 的自由水位，湿地内种植茭白和芦苇，潜流湿地水力负荷为 30 cm/d，床深 80 cm，里面填充炉渣，上部种植水芹，运行成本为 0.03 元 /m^3，设计中污水处理与生态环境建设的结合得到了体现。帖靖玺等采用二级串联潜流式人工湿地系统对太湖地区农村生活污水进行了脱氮除磷的试验研究，结果表明，在夏季，当进水容积负荷为 400 L/d 时，人工湿地系统对 TN 和 TP 的去除率分别为 80% 和 83%；在冬季，当进水容积负荷为 240 L/d 时，人工湿地系统对 TN 和 TP 的去除率分别为 90% 和 94%。孙亚兵等人采用人工配水模拟太湖地区农村生活污水水质，利用改进的自动增氧型潜流人工湿地对其进行处理，COD、氨氮、TP 的去除率为 89.45%、88.93%、90.25%，且系统有较强的抗冲击负荷能力。

近几年来，国内对快速渗滤系统的研究也逐渐兴起，吴永锋等进行了生活污水快速渗滤处理现场试验，结果表明，快速渗滤系统对氮及有机物具有良好的去除效果，在稳定运行阶段，总氮出水浓度低于 5 mg/L，去除率大于 95%；COD 值低于 40 mg/L，去除率大于 80%。快速渗滤系统对生活污水具有较高的水力负荷、具有较好的净化效果，对 BOD、COD、SS、氨氮、TN、TP 的去除率可达到 90% 左右，出水水质均能达到二级排放标准。

目前，国外如日本、美国、俄罗斯等国家，对开发各种地下渗滤系统，如地下土壤渗滤沟、土壤毛管浸润渗滤沟以及各种类型的地下天然土壤渗滤与人工生物处理相结合的复合净化工艺，给予极大关注，陆续开发、兴建了一些净化效率高、能防止地下水污染、动力耗能省、维护运行费低的土壤净化构筑物。我国近年来对此问题也日益重视。

地下渗滤土地处理系统是一种自然生态净化与人工工艺相结合的小规模污水处理技术，该技术基于生态学原理，以基建投资低、能源消耗少为主要特色，可广泛应用于城市人口不太密集的一些地区、近郊地区或某些乡镇居民点。地下渗滤系统采用地埋方式，通常铺设在住户的后花园、草坪或者菜地下，日常运行无须动力，经过处理的污水可以根据现场的具体情况，直接流入地下水自然循环系统或由地下收集管渠收集后排入地面河道或回用。

②厌氧消化技术。

厌氧消化技术具有动力消耗少、环境污染少、沼渣沼液利用途径多，且能产生能源沼气等优点。近年来，我国大力推广了厌氧消化技术在农村地区的使用。

自 20 世纪 80 年代开始，生活污水净化沼气池由农村能源部门向城镇的住宅楼、医院、学校等卫生配套建设中大力推广，住宅楼中每 10—12 户生活污水所产沼气可供其中 1 户的全年用气，因此可考虑由用气户承担净化沼气池的日常维护工作。生活污水净化沼气池 20 多年来一直采用二级厌氧消化加多级兼氧过滤的处理模式。目前，考虑到生活污水脱氮除磷的需求，国内有研究在工艺上采用二级厌氧和一级好氧达到氮、磷脱除效果。

我国近几年通过私有资金和民营企业的共同参与，在一体化装置方面也有了快速的发展。如有环保公司与日本公司合作生产净化槽，也有自主开发出多种不同规模的一体化污水处理装置，如大理山水环保科技有限公司紧紧围绕洱海流域面源污染控制成套设备研发，开展包括分散性生活污水处理一体化净化系统、粪尿分集式生态卫生旱厕、庭院式生活污水处理设备等产品研发和工程应用。引进日本地埋式脱氮生活污水一体化净化槽技术，并通过示范工程将该先进技术实现本土化，处理规模从每天数十立方米到数百立方米，应用于村落、小区、学校、宾馆、餐饮、旅游娱乐服务区等分散性污水难以收集的地区，应用范围广泛，并在该基础上与大理洱海湖泊研究中心共同研发推广庭院式生活污水处理一体化净化设备等。

一体化装置的发展应大力引进民间的资金和技术力量，研制能脱氮除磷、组装系列化、密闭性、自动化、高效的处理效率的小型污水净化装置，根据我国的实际情况，实现装置的地埋自流、无动力或微动力运行。

2. 集中处理模式

即所有农户产生的污水集中收集，统一建设处理设施来处理村庄全部污水。一般采用自然处理、常规生物处理等工艺形式。该处理模式具有占地面积小、抗冲击能力强、运行安全可靠、出水水质好等特点。适用于村庄布局相对密集、规模较大、经济条件好、村镇企业或旅游业发达、处于水源保护区内的单村或联村污水处理。通常在我国东部和华北地区，村庄分布密集、经济基础较好的农村采用。

部分省市已经开展农村生活污水集中处理，并取得了良好的效果。例如，2006 年武汉市设立农村生活污水集中处理示范点，高山村是试点之一。该村 287 家农户每户都修建了排水渠，地下埋设了 1 000 余米下水道。生活污水由排水渠经下水道直接排往村中的氧化塘，污水经自然氧化过滤后，可用于农田灌溉。此法改变了污水横流现象，也解决了农业灌溉问题；在黄陂区刘家山村，每天有近百吨生活污水排入格栅并进行预处理，去除污水中大的悬浮物后，污水依次通过隔油池、厌氧池、厌氧生物滤池和氧化沟，最后的出水可用于农田灌溉；在东西湖区慈惠农场石榴红村，一个湿地生态系统有效解决了农业生态旅游餐饮污水及生活污水的处理问题。污水进入过滤池后，通过池中种植的美人蕉等植物进行自然净化。由于这种污水处理方式无运行费用、不需人员操作，非常适合在农村推广。

为了促进人与自然和谐发展，积极推进生态环境建设，宜兴市湖父镇张阳村实施村民生活污水集中处理工程，把分散农户生活污水集中进行处理，在该村玉女组地段分别采用“生活污水净化沼气池 + 人工湿地技术”和“ET 生态复合处理”技术，建设两套生活污水处理设施，即对玉女组地段 100 户村民进行接管处理，投资 60 万元，该工程到 2009 年底基本完工。

3. 接入市政管网统一处理模式

即村庄内所有农户污水经污水管道集中收集后，统一接入邻近市政污水管网，利用城镇污水处理厂统一处理。该处理模式具有投资少、施工周期短、见效快、统一管理方便等特点，适用于距离市政污水管网较近（一般 5km 以内），符合高程接入要求的村庄污水处理。通常在靠近城市或城镇、经济基础较好、具备实现农村污水处理由“分散治污”向“集中治污、集中控制”转变条件的农村地区采用。

部分省市已经开展农村生活污水接入市政管网统一处理工程。例如，总投资达 20 亿元的常熟市农村生活污水处理工程日前全面启动。到 2011 年年底前，该市将实现镇区范围内污水主干管的全覆盖。常熟市农村生活污水处理工程是常熟市率先全面推进城乡一体化建设的重大基础设施项目，也是一项惠及城乡居民的重大民生工程。工程主要建设内容为镇区污水收水主干管、污水提升泵站、建成区小区收水工程、农村居住区纳管工程、农村居住区分散处理工程。据该市相关部门负责人介绍，工程投资约 20 亿元，计划用 3 年时间来实施。整个工程将延伸镇污水主干管 451km，对总占地 1 070 万 m2 的各镇建成小区实施雨污分流改造、新建、改扩建 53 座污水提升泵站，纳管农村居民 52 599 户；涉及范围为梅李镇、海虞镇、虞山镇（主城区除外）等 10 个镇，总面积约 1 098.43km^2。

（二）综合利用模式

目前，在农村生活污水处理利用方面已经取得一定的成果，具体应结合农村环境及农业发展的特点选择合理的污水处理利用模式，使农村污水得到有效处理的同时取得环境效益和经济效益，形成生态农业，实现污水处理和农业环境的和谐发展。

1. 生态厕所

中国人均水资源仅为世界水平的1/3，过去中国城乡到处可见“挖个坑、搭个板、围个墙”，被称为“旱厕”的厕所，这种厕所是造成部分地区传染病、地方病和人畜共患疾病的发生和流行的原因之一。另外，我国每年产生大约5亿t尿液（含氮500万t、磷50万t和钾112万t）和3 000万—4 000万t粪便（含氮66万t、磷22万t和钾44万t）。如果通过生态厕所的无害化处理和循环利用回归农田，即可以使每公顷农田获得氮56kg、磷7.2kg、钾15.6kg，从而减少农用化学品的生产投入，降低农用生产成本，也可避免厕所污水污染农村环境。

生态厕所是指不对环境造成污染，并且能充分利用各种资源，强调污染物净化和资源循环利用概念和功能的一类厕所。国内外已经发明了生物自净、生物发酵、物理净化和粪污打包等不同类型的生态厕所。我国生态厕所主要包括以下三种类型：

（1）粪尿分离型生态厕所

设计这种厕所的理论基础认为在生理上粪和尿就分属两个不同的系统，有不同的排泄口，这使粪尿分别收集成为可能；健康人群的尿中没有致病微生物，致病微生物主要存在于粪便中。排泄物中所含的养分以氮、磷、钾为主。正常成年人每人每年排尿400—500 L，排便50 L，其中含氮5.5kg、磷0.8kg、钾2kg，这些养分80%存在于尿中。

基于以上依据，粪尿分离型厕所把粪和尿分开收集，把数量较多、富含养分且基本无害的尿直接利用；把数量较少、危害较大的粪便制成堆肥作为优良的土壤改良剂用于农业生产，实现生态上的循环。

粪尿分离型厕所技术含量不高，却代表了先进的卫生理念。把集中处理变为就地处理；把先混合扩大污染后再去治理变为预防污染在前，把处理减至最低限度。这是目前主要推广的技术，也是目前欠发达农村地区改善卫生条件最合适的技术手段。

（2）沼气池生态厕所

这种厕所是将沼气池与厕所连接在一起，人、畜禽粪便经进料口进入沼气池厌氧发酵，还可以将冲厕粪便水同家庭有机垃圾破碎后一同在沼气池中处理。产生的沼气是很好的能源，剩下的残余物可以做氮肥使用。在国内，较典型的是在南方推广的人畜—沼气—果树模式和在北方推广的人畜—沼气—蔬菜—大棚模式的农村生态卫生系统。这两种模式都以其科学合理的能流和物流构成一个较为完整的农村生态卫生系统。早期的沼气池由于冬季保温的问题，一般在南方地区使用的较多。由于技术的改进，近年来在北方一些地区使用也开始增多。随着沼气池技术的逐渐进步，这种沼气池生态厕所的前景也很广阔。

（3）生化生态厕所

生化厕所是一种装配有高效生物反应槽，利用堆肥化的基本原理，在生物手段（添加微生物菌剂）和理化手段（加热）等的配合下，高效处理粪便的一种生态厕所。其由包括作为处理核心部分的分解反应槽、废气排放通道、同期系统、排水系统和其他一些附件如搅拌器等组成。

近些年来，一些新型的生态厕所也涌现出来，以适应不同条件的需要。例如循环水冲洗厕所，一般的处理工艺有两种，一是单独收集尿液加入药剂或微生物菌剂去除异味后，再回收用于冲洗厕所。二是与粪便混合处理，通过微生物的分解作用分解粪便。同时，利用一些技术把粪便混合物中的水分离处理后，部分用于冲洗厕所。循环水冲洗厕所由于和现行的冲水厕所的使用方式非常相似，因此很容易被人们接受。

生态厕所是农村厕所污水处理的一大亮点。其依据生态原理可将废物转变为资源，而且不造成环境污染，无臭、无味、安全卫生，既节约水资源，又减少粪便对环境的污染，还达到了资源的循环利用。

2. 沼气技术

将沼气技术与农业生产技术结合起来，能治理多种污水，并产生经济效益与环境效益、社会效益。我国的沼气已形成自己的农村能源生态模式：单一模式、三结合模式、庭院生态农业模式。庭院生态农业模式又有北方寒带地区的沼气池、猪禽舍、厕所和日光温室组合的四位一体的庭院经济模式，西北贫水地区以沼气池、果园、暖圈、蓄水窖和看营房组合的“五配套”系统模式以及南方的猪圈、沼气池、果园组合的“猪沼果”系统模式。随着国家对农村沼气投资力度的逐渐加大，农村沼气建设在数量和质量上都有了质的飞跃，在农业发展、农业生态环境建设中的作用日益明显，农村沼气利用技术已经突破了传统的燃料范畴。

（1）沼气的综合利用模式。

①沼气用燃料。沼气是一种综合、再生、高效、廉价的优质清洁能源。它的使用极大地减少了柴煤的使用，成为农村家庭节能生活的新选择。3—5 口人的农户修建一个同畜禽舍、厕所相结合的 8m³ 沼气池，可年产沼气 300 多 m³。一年至少 10 个月不烧柴煤，可节柴 2 000kg 以上，相当于封山育林 4 亩，同时为农户节省了生活用能开支。

②沼气储粮。沼气储粮的主要原理是减少粮堆中的氧气含量，使各种危害粮食的害虫因缺氧而死亡，能有效抑制微生物生长繁殖、保持粮食品质，避免粮食储存中的药剂污染。如将沼气通入粮囤或贮粮容器内，上部覆盖塑料膜，可全部杀死玉米象、长角盗谷等害虫，有效抑制微生物繁殖保持粮食品质，避免贮存中的药物污染。沼气储粮可节

约储存成本 60% 以上，减少粮食损失 11% 左右。

③沼气为大棚增温施肥。把沼气通入大棚或把沼气灯接入大棚，沼气燃烧既可以增加大棚的温度，又可以利用燃烧产生的 CO_2 对植物的叶面进行气体施肥，不仅具有明显的增产效果，而且生产出的是无公害蔬菜。每 60—80m² 安一盏沼气灯，增温施肥效果明显，提高产量 20% 以上；同时，可有效地解决温室大棚在冬季受寒潮侵袭的问题，用沼气灯防寒潮，投资少、不占地、用工少、容易操作、效果均匀。

④沼气用于水果保鲜。沼气储藏水果是利用沼气中甲烷和二氧化碳含量高，含氧量极低，以及甲烷无毒的特性，来调节贮藏环境中的气体成分，造成一定的缺氧状态，以控制水果的呼吸强度，达到贮藏保鲜的作用。贮藏期可达 4 个月左右，且好果率高、成本低廉，无药害。据试验，用沼气贮红富士苹果和秦冠苹果 90 天，好果率分别为 81.3% 和 93.6%；沼气贮柑橘 150 天，好果率达 88.7%；贮山楂 150 天，好果率 84.5%。

⑤沼气用于诱捕害虫。可以在与沼气池相距 30m 以内设沼气灯，用直径 10mm 的塑料管作沼气输气管，超过 30m 时应适当增大输气管的管径；也可以在沼气输气管中加入少许水，产生气液局部障碍，使沼气灯产生忽闪现象，增强诱蛾效果。

将沼气灯吊在距地面 80—90cm 处，在沼气灯下放置一只盛水的大木盆，水面上滴入少许食用油，当害虫大量涌来时，落入水中，被水面浮油粘住翅膀死亡，供鸡、鸭采食。也可以利用这种方法诱虫喂鱼：离塘岸 2m 处，用 3 根竹竿做成简易三角架，将沼气灯固定，使其距水面 80—90cm。如 2006 年 7 月在鄂尔多斯市东胜区柴登镇柴登村杨二毛的鱼塘水面安置 3 盏沼气灯，诱蛾捕虫效果明显，鱼体型的增长速度明显。

⑥沼气发电。我国农村偏远地区还有许多地方严重缺电，如偏僻山区等高压输电较为困难，而这些地区却有着丰富的生物质原料。因地制宜地发展小沼电，犹如建造微型“坑口电站”，可取长补短就地供电。沼气发电有利于减少温室气体的排放，变废为宝，减少对周围环境的污染，一定程度上解决了农村的供电问题，为农村生活提供便利。

（2）沼渣的综合利用模式

沼渣中含有 18 种氨基酸、生长激素、抗生素和微量元素，是很好的饲料，可用于农业养殖，提高产量发展绿色养殖。沼肥保氮率高达 99.5%，氨态氮转化率 16.5%，分别比敞口沤肥高 18% 和 1.25 倍，是一种速、缓兼备的多元复合有机肥料，可以用作基肥，用于蘑菇、土豆等的种植。利用沼渣进行种植养殖具有成本低、品质好、产量高等特点。

①沼渣养殖黄鳝。利用沼渣养殖黄鳝，沼渣中含有较全面的养分，可供鳝鱼直接食用，同时也能促进水中浮游生物的繁殖生长，为鳝鱼提供饵料、减少饵料的投放、节约养殖成本。

②沼渣养蚯蚓。蚯蚓蛋白质含量高，是鸡、鸭、鱼、猪等的良好饲料。蚯蚓以吃泥土和腐殖质为主，同时也喜欢吃树叶、秸秆等植物残体和动物粪便。将捞出的沼渣加以

晾晒，去除多余水分，并使残留在沼渣中的氨逸出。用 80% 晾干的沼渣和 20% 的碎草、树叶及生活有机垃圾等拌匀后即可作为蚯蚓的饵料，饲养蚯蚓。

③沼渣养猪。沼肥中游离的氨基酸、维生素是良好的添加剂，猪食用后贪吃、爱睡、增膘快、不生病，较常规喂养增重 15% 左右，可提前 20—30 天出栏，节约饲料 20% 左右，每头猪可节约成本 30 多元。

④沼渣栽培蘑菇。沼渣养分全面，能满足蘑菇生长的需要。沼渣的酸碱度适中、质地疏松、保墒性好，是替代牛、马粪栽培蘑菇的好原料。取正常产气 3 个月后出池后的无粪臭味的优质沼渣按比例配制栽培料，每 100m3 的栽培原料需 5 000kg 沼渣，1 500kg 麦秆或稻草，15kg 棉籽皮，60kg 石膏，25kg 石灰。利用沼渣栽培蘑菇养分含量全、杂菌少、成本低、品质好、产量高。该技术在东胜区有广阔的推广前景，东胜区有几百户种菇棚，2007 年正在搞试验示范，以便以后大面积推广。利用沼渣种菇，试验结果表明菇形好、长势好、不得病，产量提高 23.3%。

⑤沼渣作土豆基肥。种土豆时，沼渣作基肥，收获时，土豆形体大、没有虫眼、产最高出普通种植 30.2%。

（3）沼液的综合利用模式

沼液同沼渣一样含有丰富的氨基酸、生长激素等营养元素，是一种速效性有机肥，一般用作追肥施用于各种农作物，也可进行叶面喷施，有提高产量改进品质的作用。

①沼液施肥。沼液可用于浇灌黄瓜、西红柿等蔬菜作物。实践证明：施用沼肥与直接施用人、畜粪便相比，土豆每亩产量提高 30%，蔬菜提高 20%—25%。用沼液浇灌的果树，既当水又当肥，使果树增产 30%—40%，而且水果口感好，耐储藏。更重要的是，农作物施沼肥后可提高品质，减少病虫害，增强抗逆性，减少化肥、农药用量，改良土壤结构，使农产品真正成为无公害绿色食品。

②沼液浸种。沼液浸种就是将农作物种子放在沼液中浸泡，能显著提高种子的发芽率，增强秧苗的抗逆能力。利用沼液浸泡的种子出苗早、芽壮而齐、叶色深绿、无病害、生长快、好粒饱满、千粒重增加，增产 20% 左右。

③沼液治虫防病。沼液对蚜虫、红蜘蛛、菜青虫等有明显的防治效果，沼液要从正常产气使用 2 个月以上的沼气池水压间内取出，用纱布过滤，存放 2h 左右，然后再对水用喷雾器喷施。沼液对水浇灌作物还可以防治作物的根腐病、赤霉病和西瓜枯萎病等病害。利用沼液治虫防病能改善作物的品质、口感，而且能省农药费 500—600 元 /a，并且延长结果期 40 多天，使农民的收入提高。

④沼液养殖。沼液喂猪：在喂猪时将沼液添加于饲料内，可以起到加快生长、缩短肥育期、提高肉料比的作用。在猪饲料营养水平较低的情况下，添加沼液有显著作用。沼液养鱼：施肥是提高鱼产量的重要措施。人、畜粪便历来是我国南方农村淡水养鱼的重要肥源。沼液入鱼塘不仅可使浮游生物量增加，并且可以减少鱼病，节约化肥和饲料。

3. 人工湿地污水处理技术

人工湿地污水处理技术具有高效率、低成本、低能耗、处理较灵活、处理效果好的优点。人工湿地系统除了可以起到净化污水的作用，在经过精心设计后，还可发挥与自然湿地系统同样的生态保护功能，更可为人们提供一个休闲娱乐、旅游观光、科教科研的场所，越来越多的人工湿地系统开始重视并采用一系列的设计手段，以充分发挥其自然价值和社会价值。表面流人工湿地系统在外观形式和功能结构上都十分类似于自然湿地生态系统，污水中的营养元素可促进植物生长，有机污染物可以通过微生物分解利用后，通过食物链的传递为各种动物提供食物，从而使其成为一个经过人工强化的生物多样性及其丰富的自然生态系统，可为迁徙过冬的鸟类和各种湿地生物提供充足的食物和生活空间。湿地具有独特的净化水质、提高空气质量、美化环境、保护动植物生长多样性的特点，建立一个美观、具有经济价值的人工生态系统，可以发展有机农业、观光农业，为农民创造持续的经济收入。自然湿地中纸莎草的年产量可达 1 74t/km^2，香蒲为 7 000t/km^2，由于污水中含有丰富的营养元素，使人工湿地上种植的植物生物量远远超过自然湿地生态系统，而人工湿地上种植的芦苇等植物可用作造纸原料。

4. 沼气—人工湿地技术

沼气—人工湿地污水处理技术克服了沼气与人工湿地的各自缺点，一方面在对污水进行处理和利用的同时，实现了沼气和沼渣的循环利用，沼气给农民提供燃料，沼渣用于牲畜的饲养；另一方面美化了农村环境，对农村可持续农业和生态农业的发展具有重要意义。

5. 生态综合系统塘

生态塘是稳定塘的一种新的组合塘工艺，具有稳定的生态结构，不仅可以对污水中的污染物进行有效的净化，还可以综合利用。生态塘系统采用天然和人工放养相结合，对生态塘系统中的生物种属进行优化组合，以太阳能为初始能源，利用食物链（网）中各营养级上多种多样的生物种群的分工合作使污水中能量得以高效地利用，使有机污染物得以最大限度地在食物链（网）中进行降解和去除。发展生态塘系统，将污水净化、出水资源化和综合利用相结合，一方面净化后的污水可作为再生水资源予以回收再用，使污水处理与利用结合起来，可以实现污水处理资源化和水的良性循环；另一方面，以水生作物、水产（如鱼、虾、蟹、蚌等）和水禽（如鸭、鹅等）形式作为资源回收，提高稳定塘的综合效益，甚至做到“以塘养塘”。生态塘与当地的生态农业相结合，成为生态农业的一个组成部分，即污水回收与再用的生态农业。

第四节 固体废物的处理与处置

农业农村的固体废弃物产生量在逐年增加，如何科学处置与资源化利用农村固体废弃物是农村环境保护工作的重要内容,本章在介绍固体废弃物种类与污染特性的基础上，重点论述了农村垃圾、作物秸秆、畜禽粪便处置与利用的技术途径与方法。

一、农村固体废物的种类及污染特性

所谓固体废弃物，是指在生产、生活和其他活动中产生的丧失其原有价值或者虽未丧失利用价值但被抛弃或放弃的固态、半固态和置于容器中的气态的物品、物质以及法律、行政法规规定纳入固体废弃物管理的物品、物质。但是，排入水体的废水和排入大气的废气除外。

固体废物有多种分类方法，可根据其组分、形态、来源区分，也可就其危险性、可燃性等分别区分。

（1）根据其来源分为工业固体废弃物、农业固体废弃物、生活垃圾等。

（2）按其化学组成可分为有机废弃物和无机废弃物等。

（3）按其形态可分为固态废弃物（如建筑垃圾、废纸、废塑料等）、半固态废弃物（如污泥、粪便等）和液态、气态废弃物（废酸、废油与有机溶剂等）。

（4）按其污染特性可分为危险废弃物和一般废弃物。

（5）按其燃烧特性可分为可燃废弃物（如废纸、废木屑、废塑料等）和不可燃废弃物（如废金属、建筑废砖石等）。

农村固体废弃物是按农村这一地域范畴界定的固体废弃物，从广义上说，农村固体废弃物是指在农业生产中产生的固体废弃物，其包括了农村生活垃圾、农业废弃物，畜牧养殖废弃物、林业废弃物、渔业废弃物、农村建筑废弃物等多个方面。

农村固体废弃物包括农村生活垃圾、种植业固体废物、养殖业固体废物和建筑废物等。同时种植业固体废物有初级固体废物（以下简称初级固废）和二级固体废物（以下简称二级固废）之分。

①初级固废产生在作物生长地及其附近，它是作物在外运前，在收割过程中产生的，如废弃在田间、地头、沟渠等地的蔬菜和花卉的叶、根等。

②二级固废是在作物收获及外运以后，在家庭、交易市场和深加工场所中产生的，如蔬菜在交易市场的净菜过程中去掉的部分叶和根；蔬菜加工食用前去掉的部分叶和根。

通过对不同类型农村固体废物的跟踪调查，初步掌握了农村固体废物的物质流情况。

农村固体废物的主要处置方式是堆放，缺乏收集和处理处置系统。生活垃圾通过堆放处置。种植业的初级固废除少量有利用价值且易于收集的部分作为饲料、烧柴利用外，其余大部分都堆放于田间地头和路边。

固体废物在长期堆放过程中，腐败形成渗滤液进入沟渠河道，流入河流湖泊。暴雨期间，化粪池溢流，沟渠漫沟，构成环境水体重要的污染物来源之一。如云南滇池流域是蔬菜、花卉基地，固体废物中易腐和可降解成分含量较大，液态污染问题相当严重。将种植业初级固废按示范区年产生量比例进行混合堆放，4 天后取其堆沤腐败的渗滤液进行测试，结果发现，总氮浓度达到 1 657.4mg/L，总磷达到 33.3mg/L，远远高于一般生活污水。

（一）农村生活垃圾

生活垃圾是指在日常生活中或者为日常生活提供服务的活动中产生的固体废物按照法律、行政法规规定视为生活垃圾的固体废弃物。农村生活垃圾是指在农村这一地域范畴内，为日常生活提供服务的活动中产生的固体废弃物。其主要有两种类型，一是农民日常生活所产生的垃圾，主要来自农户家庭；二是集团性垃圾，主要来自学校、服务业、乡村办公场所和村镇商业、企业（其所产生固体废弃物中的非工业固体废弃物部分）等单位。生活垃圾的成分主要是厨余垃圾（蛋壳、剩菜、煤灰等）、废织物、废塑料、废纸、废电池，以及其他废弃的生活用品等；影响农村生活垃圾成分的主要因素有村民生活水平、生活习惯、能源结构、地域、季节、气候等。

农村生活垃圾主要由燃料灰渣、清扫泥沙、包装物及厨余等易腐的有机物构成。近年来废电池、废电器元件、无纺布类等一次性卫生用品都有上升趋势。农村和乡镇生活垃圾在组分和性质上基本与城市生活垃圾相似，只是在组成的比例上有一定的区别，有机物含量多，水分大，同时掺杂化肥、农药等与农业生产有关的废弃物。与城市生活垃圾相比，有毒物品（油漆、化妆品等）含量则较少。因此，有其鲜明的特点，有害性一般小于城市生活垃圾。

随着农民生活水平的不断提高，农村生活垃圾的产生量和堆积量也将逐年增加。由于农村生活垃圾缺少完整的基本数据，王洪涛等对滇池流域农村地区垃圾产生量的调查表明，当地村民人均垃圾产生量为 0.6kg/d，约是城市生活垃圾人均产生量的一半（王洪涛等，2003）。按我国 2000 年第五次人口普查结果，我国农村人口数 80 739 万人。以农村人均垃圾产生量 0.6kg/d 估算，目前我国农村生活垃圾年产生量约 4.84 亿 t。随着国民经济的发展及地区生活水平的提高，垃圾产生量也呈增长趋势。同时，由于农村人口居住分散，几乎没有专门的垃圾收集、运输、填埋及处理系统，加上农民环境意识相对较差，垃圾在田头、路旁、水边随意堆放，许多河道成了天然垃圾箱。垃圾在堆放中，不可降解的无机物长期存在，而易腐的有机部分在腐败菌作用下降解，产生渗滤液，是蚊蝇、细菌、病毒的滋生繁衍场所，也是水体直接或间接的重要污染源。农村生活垃圾环境中的随意堆放会对周围土壤、水体、大气以及人类健康造成危害。

关于城市生活垃圾的治理早已成为各方的焦点，而对农村生活垃圾污染问题关注得较少，但随着农村经济的快速发展，城乡差距的不断缩小，农村生活垃圾无论从成分还是污染危害与城市生活垃圾越来越接近。随着对各类工业污染源的有效控制，农村农业面源污染日益上升为主要问题。

（二）养殖业固体废弃物

养殖业固体废弃物包括在畜禽养殖过程中产生的畜禽粪便、畜禽舍垫料、废饲料、散落的毛羽等固体废弃物，以及含固率较高的畜禽养殖废水，主要污染物是粪便及其分解产生物、伴生物和养殖废水。粪便及其分解产物主要包括固形有机物和恶臭气体物质两部分，前者包括碳水化合物、蛋白质、有机酸、酶类等，后者包括氨、硫化氢、挥发性脂肪酸、酚类、硫醇类等。伴生物包括病原微生物（细菌、真菌、病毒）和寄生虫卵等。养殖废水主要是指畜禽养殖过程中冲洗粪便的废水、各类畜禽尿液及其他生产过程中造成的废水。

随着我国人民生活水平的不断提高，对肉类、奶类和禽蛋类的消费需求量急剧增加，以每年 10% 以上的速度递增，由此带来了养殖业的迅速膨胀，特别是畜禽养殖业，由家庭副业逐步发展成为一个独立行业。畜禽场由农业区、牧区转向城镇郊区，饲养规模由分散走向集中。集约化的养殖产业一方面使畜禽养殖业脱离了传统的种植业，改变了原有的分散放养、四处收购、长途运输的模式；但另一方面，其产生的大量污水、粪便，局部地区难以用传统的还田方式处理，因此对环境、饮用水源和农业生态造成了巨大危害。

粪便是养殖业主要污染物，占整个排放污染物的比重最大。粪便排放量和动物种类、品种、生长期、饲料等诸多因素有关。有研究报道，饲养一头猪、一头牛、一只鸡，每年所产生的粪尿、污水、臭气的污染负荷，相当于人口数量分别为 8—10 人、30—40 人、5—7 人。具体单个动物每天排出粪便的数量为禽畜的粪便排泄系数，不同机构给出的粪便排泄系数有所不同。

随着畜禽养殖业规模的不断扩大，畜禽数量的增多，不可避免地带来大量的养殖业废弃物的任意排放，使环境承载力日益增大，畜禽养殖业已经成为农村面源污染的主要因素。自 2005 年以来，我国养殖业废弃物年产生量超过 24.6 亿 t，是当年工业固体废弃物产生量的 2.6 倍。COD 含量高达 8 253 万 t，畜禽污水中的高浓度 N、P 是造成水体富营养化的重要原因。随着畜禽等养殖业从分散的农户养殖转向集约化、工厂化的养殖，畜禽粪便污染也以类似于工厂企业污染的“大型”污染源出现，甚至在许多地区以面源的形式出现。由于大型集中养殖场多在城市周边和近郊农村，使养殖业污染对于城市、城镇环境的压力越来越大，并成为重要的污染源。作者对云南滇池流域多年的研究结果得知，在影响滇池富营养化的因素中，畜禽粪便占到农业面源污染的40%—50%。规模化畜禽养殖业的环境问题主要由以下几方面因素造成。

（1）农牧严重分离脱节，导致规模化畜禽养殖场周边没有足够的耕地消纳畜禽养殖产生的粪便，不同类型的养殖场单位标准畜禽占有的配套耕地没有达到1亩（$1/15hm^2$）的基本要求，占有耕地最少的尚不足 $0.02hm^2$（0.3 亩）。

（2）养殖场规划及管理不科学，一些养殖场由于多种原因建在城区上风向或靠近居民区，尤其是靠近居民饮用水水源地（50m 以内），对饮用水水质直接造成威胁。

（3）许多养殖场目前仍沿用水冲粪或水泡粪湿法清粪工艺，耗水量大且给后续处理造成困难。

（4）环境管理工作不到位，绝大部分的规模化畜禽养殖场建设或投产前未经过环境影响评估和审批。

（5）缺少环境治理和综合利用设施或机制，环境治理和综合投资也非常短缺。

（三）种植业固体废弃物

种植业固体废弃物是指农作物在种植、收割、交易、加工利用和食用等过程中产生的源自作物本身的固体废弃物，包括根、枝、叶、秆、果、花等，一般含纤维成分都较高。种植业固体废弃物有初级固体废弃物和二级固体废弃物之分。初级固体废弃物产生在作物生长地及附近，它是作物在外运前及收割过程中产生的，如废弃在田间、地头、沟渠等地的蔬菜和花卉的叶、根等。二级固体废弃物是在作物收获及外运以后，在家庭、交易市场和深加工场所产生的废弃物，如蔬菜在交易市场的净菜过程中去掉的部分叶和根，蔬菜加工食用前去掉的部分叶和根。典型的种植业固体废弃物主要包括粮食作物秸秆、蔬菜、瓜果废弃物及各种经济作物的废弃物，如花卉、果树、林木、蔬菜等。

农作物稻秆是世界上数量最多的一种农业生产副产品。联合国环境规划署（UNEP）报道，世界上种植的各种农作物，每年可提供各类秸秆约 20 亿 t，其中被利用的比例不足 20%。我国是个农业大国，也是秸秆资源最为丰富的国家之一，目前仅重要的作物秸秆就近二十种，且产量巨大，每年产生约 7 亿 t，其中稻草 2.3 亿 t，玉米秆 2.2 亿 t，豆类和杂粮的作物秸秆 1.0 亿 t，花生和薯类藤蔓、蔬菜废弃物等 1.5 亿 t。此外，还包括大量的饼粕、酒糟、蔗渣、食品工业下脚料、锯末、木屑、树叶等。这些秸秆资源中，可能的利用量为 2.8—3.5 亿 t。按现有发酵技术的产气率 0.48m3/kg 估算，每年产生甲烷量约 850 亿 m^3。

各类农作物秸秆的元素中，碳占绝大部分，其次为钾、硅、氮、钙、镁、磷、硫等元素。秸秆的有机成分以纤维素、半纤维素为主，其次为木质素、蛋白质、氨基酸、树脂、单宁等。

目前我国对种植业废弃物的利用率较低，多数属于低水平利用，如作为取暖、做饭用的薪柴，作动物饲料或肥料，而大部分种植业废弃物没有得到利用或者没有得到充分利用。随意丢弃和无控焚烧，曾是我国广大农村处置秸秆的主要方式，这不但会造成资源浪费、地力损伤、环境污染，还可能导致火灾及交通事故的频发，对人类健康和周围动植物的生态环境造成严重危害。

我国是个人口多，资源相对较少的国家。因此，把数量巨大的种植业废弃物（如作物秸秆）加以充分开发、综合利用，既可缓解农村饲料、肥料、燃料和工业原料的紧张状况，又可保护农村生态环境、促进农业持续协调发展，获得经济效益、环境效益和社会效益三者兼赢的效果，构建资源节约型社会。

（四）农业塑料废弃物

在农业领域中塑料制品主要包括几个方面：①农膜（包括地膜和棚膜），是应用最多、覆盖面积最大的一个品种，在农用塑料制品中，农膜的产量约占 50%；②编织袋（如化肥、种子、粮食的包装袋等）和网罩（包括遮阳网和风障）；③农用水利管件，包括硬质和软质排水输水管道；④渔业用塑料，主要有色网、鱼丝、缆绳、浮子，以及鱼、虾、蟹等水产养殖大棚和网箱等；⑤农用塑料板（片）材，广泛用于建造农舍、羊棚、马舍、仓库和灌溉容器等。上述塑料制品的树脂品种多为聚乙烯树脂（如地膜和水管、网具等），其次为聚丙烯树脂（如编织袋等）。其中应用最广的是农膜，主要包括农用地膜。农膜技术的采用，对我国农业耕作制度改善种植结构的调整和高产、高效、优质农业的发展产生了重大而深远的影响，对农民增加收入和脱贫致富做出了重要贡献。据统计，从 1980—1990 年十年时间中，全国地膜覆盖面积从 0.17 万 hm^2 上升到 15 万 hm^2。近年来农业技术的快速发展，使农用地膜覆盖面积达到 100 万 hm^2 以上。然而农膜在老化、破碎后形成残膜，由于其使用量大并难以降解，不断增加的残膜带来了严重的环境污染问题，被农民称之为“白灾”。农业部调查结果显示，目前我国农膜残留量一般在 60—90kg/hm^2，最高可达到 165kg/hm^2。

废塑料对环境的污染主要表现在两个方面，即视觉污染和潜在危害。视觉污染是指散落在环境中的塑料废物对市容和景观的破坏。潜在危害是指塑料废物进入自然环境后难以降解而带来的长期的潜在环境问题。主要表现在：①塑料在土壤中降解需要很多年，由于难以降解，生活及生产中的废塑料很难处理和处置。②农膜的增塑剂邻苯二甲酸二异丁酯溶出后渗入土壤，对种子、幼苗和植株生长均有毒害作用，影响作物生长发育，导致作物减产。③废塑料还有携带细菌、传染疾病等危害。④土壤中的残存地膜降低了土壤渗透性，减少了土壤的含水量，削弱了耕地的抗旱能力，影响了土壤孔隙率和透气性，使土壤物理性能变差，最终导致减产。同时，对土壤中的有益昆虫如蚯蚓等和微生物的生存条件形成障碍，使土壤生态的良性循环受到破坏。

二、农村生活垃圾处置

在传统农业经济条件下，农村产生的生活垃圾通过垫圈等方式得到还田，除少部分腐烂和被雨水冲走外，大部分返还到土地中。但随着农村经济、种植模式和生活方式的改变，农村生活垃圾还田的比例正在不断减少，使农村生活垃圾成为影响农村卫生、污染农村环境的主要因素。

目前，我国农村生活垃圾处理主要采用的技术方法有填埋、焚烧和堆肥等。目前农村生活垃圾处理的三种方式并没有哪一种是完全得到相关专家和行业人士的认可的，这主要是由当前农村的经济发展水平、生产生活方式和居住环境的千差万别所决定的。例如，刘永德等对太湖地区农村生活垃圾的处理技术方面研究后认为，填埋不可能成为该区域主要的农村生活垃圾处置方式。即使在发达国家，这三种处理方式也在同时使用。因此，垃圾的处理方式应该因地制宜，根据当地的实际情况采取最佳的处理方式，处理的最终目标是农村生活垃圾的减量化、资源化、无害化。

发达国家农业人口所占比例很小，农村生活垃圾问题并不突出；发展中国家农业人口众多，但受经济条件制约，尚未形成对农村生活垃圾填埋处置的技术支持，由此造成针对农村特点的生活垃圾小型填埋场技术缺乏。我国经济高速增长，但目前没有专门针对农村生活垃圾的最终处置技术。在一些发达地区以及水源保护区，农村生活垃圾被运送到附近城市生活垃圾填埋场集中处理；在其他地区则尚无处置设施。农村生活垃圾进入城市生活垃圾填埋场并不是可取的方式，建立适合农村条件的高效、简便、易操作、低成本、可重复使用的小型生活垃圾处理系统成为我国新农村建设迫切需要的重要技术。

（一）农村生活垃圾的收集和运输

要建立农村生活垃圾的处理系统，首先必须考虑到农村生活垃圾的收集和运输。农村根据其经济发展和行政范围可以分为两类：一类是经济还比较落后，生活尚不发达的村，这类村基本以农业种植为主要生产活动，家庭生活方式简单，没有卫生系统（比如厕所及粪便处理系统）；另一类是经济比较发达的镇和乡，基本形成居民集中区，有自己的集市，基本已经形成自己独立的环卫系统，有专门的厕所和环卫工人，给水系统和排水系统也较完备，其发展趋势是中小城市。这两类农村具有不同的发展方向和特点，因此垃圾收集运输方式也存在本质不同。

对于第一类经济比较落后的农村，由于居民生活水平较低，主要生活方式是自产自销，较低的生活收入必然使其主动进行废物利用，尽量进行循环使用，同时其产生源较为分散，收集较为困难。因此由其村委会组织采用最简单的定点定期收集方式，每隔一定时间，在固定地点设定收集车辆，由各户自行送到指定地点，然后运输走，这样最大程度降低成本，同时达到收集的目的。对于经济比较发达的乡镇，由于生活水平较高，产生的垃圾量必然有较大的涨幅，特别是对于江南和沿海一带的乡镇，其发展规模已经和城市相近，整体财政收入可以满足于建立和维持生活垃圾收集和运输系统的运行，因此其垃圾收集、运输系统可以采用与城市生活垃圾相近的模式。聘请有关专家，制定本乡镇发展生活垃圾处理处置规划，并根据处理方案，制定最优的收集方案和收集路线，必要时可与邻近的乡镇联合起来建立联合收集运输系统。

（二）农村生活垃圾处理的常规技术

1. 卫生填埋

卫生填埋是“利用工程手段，采取有效措施，防止液体及有害气体对水体和大气的污染，并将垃圾压实减容至最小，在每天操作结束后或每隔一定时间用土覆盖，使整个过程对公共卫生安全及环境均无危害的一种土地处理垃圾方法”。该法具有费用低、处理量大、工艺简单、土地利用率高、操作方便、填埋结束后，在表层填土种绿色植物，土地可以再利用等优点。

其原理是采取防渗、铺平、压实、覆盖等措施将垃圾埋入地下，经过长期的物理、化学和生物作用使其达到稳定状态，并对气体、渗沥液、蝇虫等进行治理，最终对填埋场封场覆盖，从而使垃圾产生的危害降到最低。生活垃圾由全封闭自卸式垃圾车运至填埋场，称量后送入场内，经垃圾场到填埋场作业区进行倾倒、分拣。

填埋场产生的填埋气（LFG）是垃圾降解的最终产物。填埋初期，填埋气主要成分是 CO_2，随后 CO_2 的含量逐渐变低，CH_4 的含量逐渐增大。早期 CH_4 的含量比较少，在覆盖物上方安装废气燃烧嘴，人工点火控制场区 CH_4 含量不超过 5%。填埋场稳定运行（约五年）后，开始收集填埋气，对气体进行经济评估后，燃烧或者并入附近农村沼气系统。

填埋场渗滤液是一种成分复杂的有机废水，若不进行处理，会对环境造成污染。可采用循环回灌喷洒处理，处理后低浓度的废液并入城市污水处理系统集中处理。

2. 垃圾焚烧

农村生活垃圾中的废塑料等可燃成分较多，具有很高的热值，采用科学合理的焚烧方法是完全可行的。焚烧处理是一种深度氧化的化学过程，在高温火焰的作用下，焚烧设备内的生活垃圾经过烘干、引燃、焚烧三个阶段将其转化为残渣和气体（CO_2、SO_2 等），可经济有效地实现垃圾减量化（燃烧后垃圾的体积可减少 80%—95%）和无害化（垃圾中的有害物质在焚烧过程中因高温而被有效破坏）。经过焚烧后的灰渣可作为农家肥使用，同时可将产生的热量用于发电和供暖。

3. 堆肥

农村生活垃圾中有机组分（厨余、瓜果皮、植物残体等）含量高，可采用堆肥法进行处理。堆肥技术是在一定的工艺条件下，利用自然界广泛分布的细菌、真菌等微生物对垃圾中的有机物进行发酵、降解使之变成稳定的有机质，并利用发酵过程中产生的热量杀死有害微生物达到无害化处理的生物化学过程。按运动状态可分为静态堆肥、动态堆肥以及间歇式动态堆肥；按需氧情况分为好氧堆肥与厌氧堆肥两种。其中与厌氧堆肥相比，好氧堆肥周期短、完全发酵、产生二次污染小但肥效损失大、运转费用高。

4. 综合利用

综合利用是实现固体废物资源化、减量化的最重要的手段之一。在生活垃圾进入环境之前对其进行回收利用，可大大减轻后续处理处置的负荷。综合利用的方法有多种，主要分为以下四种形式：再利用、原料再利用、化学再利用、热综合利用。在农村生活垃圾处理过程中，应尽量采取措施进行综合利用，以达到垃圾减量化、保护环境、节约资源和能源的目的。根据农村生活垃圾的特点，农村垃圾应分类收集，分类处理。

（三）农村生活垃圾处理新技术的发展

1. 蚯蚓堆肥法

蚯蚓堆肥是指在微生物的协同作用下，蚯蚓利用自身丰富的酶系统（蛋白酶、脂肪酶、纤维酶、淀粉酶等）将有机废弃物迅速分解、转化成易于利用的营养物质，加速堆肥稳定化过程。蚯蚓种类繁多，但应用于生活垃圾堆肥处理的主要集中在正蚓科和巨蚓科的几个属种，其中应用最广的是赤子爱胜蚓。用蚯蚓堆肥法处理农村生活垃圾工艺简单、操作方便、费用低廉、资源丰富、无二次污染，而且处理后的蚓粪可作为除臭剂和有机肥料，蚯蚓本身又可提取酶、氨基酸和生物制品。蚓粪用于农田对土壤的微生物结构和土壤养分可产生有益的影响，提高作物（如草莓）的产量和生物量，以及土壤中的微生物量。蚯蚓堆肥法具有的上述优点，使该技术在农村地区的应用具有广阔的前景。

2. 太阳能—生物集成技术

该技术是利用生活垃圾中的食物性垃圾自身携带的菌种或外加菌种进行消化反应，应用太阳能作为消化反应过程中所需的能量来源，对食物性垃圾进行卫生、无害化生物处理。在处理过程中利用垃圾本身所产生的液体调节处理体的含水率，不但能够强化厌氧生物量，而且能够为处理体提供充足的营养，从而加速处理体的稳定，在处理过程中产生的臭气可经脱臭后排放。当阴雨天或外界气温较低时，它能依靠消化反应过程中产生的能量来维持生物反应的正常进行。

“生活垃圾太阳能—生物集成技术处理反应器”可将农村生活垃圾中的可堆腐物转变为改良土壤的有机肥料，处理完成的食物性生活垃圾体积减小 80% 以上，并可产生生物肥腐熟性有机物，作为有机肥使用，既可大幅度减少农村生活垃圾的清运量，又可变废为宝，使资源得到再生利用。

2. 高温高压湿解法

农村生活垃圾湿解是在湿解反应器内，对农村生活垃圾中的可降解有机质用湿度为433—443K、压力为0.6—0.8Mpa的蒸汽处理2h后，用喷射阀在20s内排除物料，同时破碎粗大物料并通蒸汽，再用脱水机进行液固分离。湿解液富含黄腐酸，可用于制造液体肥料或颗粒肥料。脱水后的湿物料可用干燥机进行烘干至水分小于20%，过筛，粗物料再进行粉碎。高温高压湿解的固形物质可作为制造有机肥的基料，湿解基料富含黄腐酸。

2001年，袁静波等成功研制“高温高压水解法处理城乡生活垃圾及制肥成套设备”，并获得了国家发明专利。其高温高压水解法处理农村生活垃圾由垃圾分选系统、垃圾水解系统、垃圾焚烧系统、制肥自动控制系统组成，具有垃圾分选效果好、运行成本低、有机物利用率高、无须添加酸性催化剂、避免对环境产生二次污染等优点。这说明高温高压湿解法处理农村生活垃圾具有可行性。

4. 气化熔融处理技术

该技术将生活垃圾在450—600℃温度下的热解气化和灰渣在1 300℃以上熔融两个过程有机地结合起来。农村生活垃圾先在还原性气氛下热分解制备可燃气体，垃圾中的有价金属未被氧化，有利于回收利用。同时垃圾中的铜、铁等金属不易生成促进二噁英类形成的催化剂；热分解气体燃烧时空气系数较低，能大大降低排烟量，提高能量利用率，降低NO_x的排放量，减少烟气处理设备的投资及运行费用；含碳灰渣在高于1 300℃的高温下熔融燃烧，能遏制二噁英类毒性物的形成，熔融渣被高温消毒可实现再生利用，同时能最大限度地实现垃圾减容、减量。

气化熔融处理技术具有彻底的无害化、显著的兼容性、广泛的物料适应性、高效的能源与物资回收性等优点，但要求农村生活垃圾必须具有较高的热值（＞6 000kJ/kg）。随着农村生活水平的提高，生活垃圾热值也在提高，在未来农村生活垃圾的处理中该技术将占一席之地。

（四）农村生活垃圾处理技术的路线

表3-1总结了几种典型的农村生活垃圾处理方法的技术参数，并进行了优缺点比较。介绍的几种处理技术都可不同程度地应用于农村生活垃圾的处理处置。每种技术都有其自身的特点及实用性，因此最终选择合适的农村生活垃圾处理技术取决于各种各样的因素（如技术因素、经济因素、政治因素、环境因素等），其中很多因素都依赖于当地条件，一般应考虑：①农村生活垃圾的成分和性状（取决于当地经济发展和居民生活水平）。

②处理能力和垃圾的减容率。③国家相关政策和法规。④工作人员的职业健康和安全。⑤处理、运行及其他成本。⑥处理设备的易操作性和可靠性。⑦需要的配套设备和基础设施。⑧处理设备及排放装置对当地环境的总体影响。

表 3–1　几种农村生活垃圾处理技术优缺点比较

处理技术	技术参数	优点	缺点
填埋法	农村生活垃圾特征、场地地质条件、土壤、气候条件等	工艺较简单，投资少，可处理大量农村生活垃圾，也可处理焚烧、堆肥等产生的二次污染	垃圾减容少，占用土地面积大，产生气体和挥发性有机物量大，并对土壤和地下水存在长期的潜在威胁
焚烧法	搅动程度、垃圾含水率、温度和停留时间、燃烧室装填情况、维护和检修	体积和重量显著减少；运行稳定以及污染物去除效果好；潜在热能可回收利用	处理费用较高，操作复杂，产生二次污染
堆肥法	有机质含量、温度、湿度、含氧量、pH、碳氮比	工艺较简单，适于易腐有机生活垃圾的处理，处理费用较低	占地较多，对周围环境有一定的污染；堆肥质量不易控制
蚯蚓堆肥法	蚯蚓种类、垃圾碳氮比、温度、湿度、有毒有害物质、蚯蚓投加密度	工艺简单，不需要特殊设备，投资较少，没有二次污染，处理后的蚓粪、蚓体可利用	在国内外主要用于处理城市生活垃圾，对农村生活垃圾的处理方式和技术较少涉及
太阳能一生物集成技术	垃圾分类、食物垃圾组成及特征、温度和光照	绿色、节能、环保；垃圾减容率高；处理过程中产生的臭气经脱臭后排放，无二次污染；投资少	主要针对食物性垃圾，需要进一步加强研究开发工作
湿解法	垃圾组成、有机垃圾水解性	垃圾减量化大，处理时间短，生产出的有机肥质高	投资较高，工艺较复杂
气化熔融处理技术	农村生活垃圾组成、热值	充分利用生活垃圾自身能量，辅助热源消耗低；成本低、排放低；减容、减量显著	目前较少用于农村生活垃圾处理，要求农村生活垃圾的热值高于 6 000kJ/kg

根据农村生活垃圾处理的原则及上述选择处理技术的影响因素，农村生活垃圾处理的技术路线大致如下：①实行垃圾分类收集，加强废品的回收利用。结合农村实际情况，将垃圾分为无机垃圾、可回收垃圾、有害垃圾和有机垃圾分类进行收集。成立废品回收站，最大限度地向农户收购可再生废品。②推广农村垃圾无害化处理技术，鼓励农民建设沼气池，大力发展农村沼气。“十一五”规划准备把沼气作为重点来推广，现在农业部一年的沼气补助费就有十亿元。发展沼气既能解决群众生活用能问题，又能得到优质有机肥料，同时还可以有效减少农村生活垃圾对环境的污染。③对落后的山区，合理选择天然的低洼地作为填埋场不失为一种经济的农村生活垃圾处理方法。填埋场应避开易渗透地域和靠近河流、湖泊、洪灾区和储水补给区的地理位置，选择渗透较小的地基，在填埋场底部加防渗层。④对于经济较发达的农村，应尽量减少垃圾填埋量，生活垃圾

处理逐渐转向二次污染小的处理工艺，如太阳能—生物集成技术、蚯蚓堆肥法等。未来农村生活垃圾的治理方向就是要变废为宝，实现环境效益和经济效益的双丰收。

⑤发展农户清洁能源循环利用技术，实现农村生活垃圾的综合利用。根据农户特点推广“两位一体”（即沼气池上面建厕所）、“三位一体”（即沼气池上面建厕所、猪圈）甚至“四位一体”（即沼气池上面建畜禽舍、厕所和温室）建设模式，同步改造厕所、猪圈、厨房、庭院。目前我国江西赣州的“猪—沼—果（菜）”的能源生态模式，广西恭城的“养殖—沼气—种植”三位一体的庭院经济模式，北方的将日光温室—畜禽舍—沼气池—厕所优化组合的“四位一体”模式取得了很好的农业效益和环境效益。⑥借鉴城市生活垃圾处理的经验，总结、提炼、创新适合在农村推广普及的生活垃圾处理方法。农村垃圾治理难度较大，单凭政府的推动显然不够，但仅凭农民自己去治理也不现实，因此只有以农民为主体、以政府为主导，利用成熟工艺，发展专用新兴工艺，充分发挥市场调节作用，才能真正治理好农村垃圾问题。

三、农作物秸秆处理和利用

农作物稻秆是当今世界上仅次于煤炭、石油和天然气的第四大能源。我国稻秆资源非常丰富，每年产生的秸秆相当于300多万t氮肥、700多万t钾肥、70多万t磷肥，这相当于全国每年化肥用量的四分之一。但长期以来焚烧秸秆的习惯依然存在，不仅严重污染环境，而且造成能源的重大浪费。因此，推广和发展农作物秸秆综合利用技术，具有重大而深远的意义，也是目前国家重点推广实施的保护环境和资源利用的重要技术。农作物秸秆综合利用技术是由诸多单项技术组成且相对独立的新型实用技术，比较成熟或正在发展的技术主要有：秸秆粉碎还田或用作育菇培料，转化为家畜饲料、秸秆气化或发电，制造建材及工业用途等。

（一）秸秆粉碎还田及用作育菇培料

1. 秸秆粉碎直接还田

农作物秸秆富含有机质和氮、磷、钾、钙、镁、硫等多种养分。据测定，玉米秆含有氮1.5%、磷0.95%、钾2.24%。将十亩土地生长的鲜玉米秆铡碎后还田，相当于施加硫酸铵23kg、过磷酸钙14kg、钾肥34kg，可使每十亩土地增收小麦50kg、玉米45kg。秸秆还田既能减少化肥用量、节省投资，又能优化土壤结构，增强抗旱能力，增加团粒结构，为农业持续增产奠定基础。稻秆还田一般需经三四年或更长时间，才能显现出明显的生态效益。在秸秆还田时应注意：如玉米秸秆等，无论铡碎还是粉碎，都要趁湿进行，以免内部养分的流失，还田后，应及时浇水保湿，使秸秆与土壤紧密接触。

2. 粉碎堆积腐化还田

将粉碎的稻秆加入人粪尿，堆积成堆，然后封泥，有机物在微生物作用下逐步矿质化和腐殖化，腐熟，形成优质肥料。堆腐还田能提高土壤有机质含量，促进速效养分的释放，提高土壤含水量和农作物产量，具有作用最好、效果最快的特点。堆腐还田的缺点是沤制时间较长，一般需三个月以上。稻秆还可以过腹还田，即利用秸秆中的营养成分作为动物的饲料，再以其排出的粪尿回归田地。

3. 秸秆育菇

以玉米秆、稻草等秸秆，经热蒸、消毒、发酵、化学处理后，可用作种植平菇、草菇、凤尾菇等的培料，能大大降低生产成本。

（二）秸秆处理后作家畜饲料

秸秆富含纤维素、半纤维素、蛋白质、脂类等，是较好的饲料原料。麦秸、稻草及玉米秸秆是产量最大的农作物废弃物，利用这些秸秆转化为饲料具有广阔的前途。随着草原牧场退化严重，放畜量超载严重，用秸秆饲料搭配精饲料的圈养方式迅速扩展。秸秆在饲料利用方面主要为青贮、氨化、制块和制粒、微生物处理等。

1. 青贮处理

将饱含液汁的青绿牧草饲料、秸秆等经过加工并添加一定比例的添加剂，压实后密封，经过一段时间的乳酸发酵后，转化成含有丰富蛋白质维生素及适口性好的饲料。这种方法能长期保持青绿多汁的营养特性，养分损失少。一般调制的干草养分损失达20%—30%，而青贮一般损失仅8%—10%，胡萝卜素损失极小，并可长期储存，消化率高、适口性好，占地空间少。

2. 氨化处理

利用某些化学物质来处理秸秆，打破秸秆营养物质消化障碍，提高家畜对稻秆利用率的一种技术方法。此方法应用最广泛，有堆垛法、氨化池法、氨化炉法等。一般来说，氨化稻秆的消化率可提高20%左右，粗蛋白含量也可提高1—1.5倍。秸秆经氨化处理后质地变得松软，具有糊香味，牲畜爱吃，采食速度、采食量能提高，且能改善秸秆的营养价值。

3. 微贮及冷压处理

主要是针对含水量低的麦秸、稻草以及半黄或黄干玉米秸、高粱秸等不宜青贮的秸秆。微生物发酵贮存技术是利用微生物发酵的原理，使农作物秸秆在微贮过程中，将大量的木质纤维类物质降解为易发酵糖类，并转化为挥发性脂肪酸、二氧化碳等。成为牛、羊等家畜的饲料，它比氨化饲料成本低。而块状稻秆饲料就是利用冷压技术将粉碎的秸秆挤压成小块，水分少、体积小，可保留饲料的纤维，又便于储存和运输，使之商品化。加工的饲料块有炒香味，牛羊喜欢吃。

（三）秸秆气化及发电

1. 秸秆气化作生活燃料

秸秆气化集中供气技术是一种生物质热解气化技术，是将玉米秸秆、小麦稻秆等生物质原料粉碎后在气化反应炉中通过热解反应或高温裂解，变成以一氧化碳和氢气为主的可燃气体。秸秆气化集中供气系统由生物质气化站、燃气输配管网和用户室内设施三部分组成。气化站主要设备由固定床下喂入式生物质气化器、燃气净化器、贮存器、风机和给料机构成。燃气输配管网由聚丙烯或聚乙烯塑料连接而成，用户室内配有活性炭滤清器、燃气流量表和低热值燃气炉。秸秆气化集中供气技术的设备简单，操作方便，价格低廉，能减少或防止稻秆污染，改善生活环境，提高农民生活质量。这项工程适用于秸秆资源丰富、农民生活水平较高的农村地区，以自然村为单位进行推广。以山东省能源研究所研制生产的低热值生物质气化装置为例，1kg 秸秆一般可以生产 $2m^3$ 混合可燃气体。其热值为 $5kJ/m^3$ 左右，农民每户每天需用气 $2—3m^3$ 左右，若按燃气价格 0.22 元 $/m^3$ 计算，每月用气费用为 13.2—19.8 元，每户每年约需用 1t 秸秆原料，通过秸秆气化技术可消化当地玉米秸秆总量的三分之一。沼气的运用不仅为农民生活带来了方便，而且增加了农民收入。

3. 秸秆发电

在目前能源紧张的情况下，稻秆发电每年不仅可以消化掉废弃的秸秆，而且还可获得可观的经济效益、良好的生态效益和社会效益。丹麦是世界上首先使用秸秆发电的国家，首都哥本哈根的阿维多发电厂建于 20 世纪 90 年代，被誉为全球效率最高、最环保的热电联供电厂之一。阿维多电厂每年燃烧 15 万 t 秸秆，可满足几十万用户的供热和用电需求。使用秸秆发电，使电厂降低了原料的成本，百姓享受了便宜的电价，环境受到保护，新能源得以开发，同时还使农民增加了收入。现在我国已在部分地区进行发电应用，同时一批新型秸秆发电厂正在投资兴建中。

（四）制造建材及工农业用料

1. 制造建材

不同作物秸秆的重量与品质也不同，可将不同的秸秆加工成各种墙体材料、保温材料等人造板材，可替代大量木材。我国年产小麦 1.3 亿 t，麦秸年产量在 1.5 亿 t 位以上。如果每年取麦秸总量的 0.5% 生产板材，可替代 150 万 m^3 原木。麦秸墙体保温材料密度为 $0.2—0.25g/cm^2$，导热系数与聚氨酯泡沫、岩棉相似，但其成本仅为它们的四分之一——

三分之一。棉秆可代替木材制造纤维板、中密度板、保温等。我国年产棉秆 3 000 万 t，棉秆的化学成分、组织结构与木材相似，可代替木材制造纤维、中密度板、保温板。1t 棉秆可代替 0.4m³ 木材，如果利用棉秆总量的 1%，一年就可代替 14 万 m³ 木材。

2. 其他工农业应用

秸秆曾经是传统的造纸原料，但由于秸秆杂细胞多、硅含量高，在制浆过程中使用化学手段污染大，排放的黑液难以治理，污染回收装置成本高，目前在造纸领域并不受青睐。以稻秆为主要原料可加工餐盒、包装纸，并可提取淀粉、制作酒精及加工纤维地膜等。将秸秆固化后作燃料，解决秸秆质地松散，不易储运及热效率低的问题，可以固化成棒状、块状、颗粒状等成型燃料。秸秆反应堆的应用成为稻秆利用的新亮点。秸秆反应堆是把秸秆铺制出一定厚度，保证足够的氧气，放上菌种在一定的温度、水分、pH 下可以产生二氧化碳，放出热量，生成矿质元素和抗病孢子，大量补充植物所需二氧化碳的匮缺，让其光合作用大大增强，进而获得高产、优质、无公害农产品的工艺设施技术。其技术特点是以秸秆替代化肥，以植物疫苗替代农药，通过一定的设施工艺，实施资源利用、生态改良、环境保护及无公害的有机栽培。秸秆中分离出的半纤维素在半纤维素酶的作用下转化为低聚木糖，制取淀粉，能用于生产功能性食品，做饲料、酿酒、酿醋等。在部分少数民族地区，利用秸秆编织生活用品及手工艺品。人们利用秸秆搭屋篷、编织草帽、编织盛物的箩等，特别是在云南的丽江、西双版纳和香格里拉一带的少数民族中尤为突出。

目前秸秆的综合利用技术，正从早期的直接堆沤还田、烧火做饭取暖、加工粗饲料，向着快速腐熟堆肥、气化集中供气、优质生物煤、高蛋白饲料和易降解包装材料、有价工业原料及高附加值工艺品等方向发展。从农业生态系统能量转化的角度来分析，单纯采用某一种利用方式，秸秆能量转化率和利用率会受到限制。因此，根据各类稻秆的组成特点，因地制宜，把其中几种方法有机地组合起来，形成一种多层次、多途径综合利用的方式，从而实现秸秆利用的资源化、高效化和产业化是未来生态农业发展的必然趋势。

总之，农作物秸秆资源化技术是一项综合性、边缘性的科学技术。各地农业、农机，畜牧等部门要加强领导，制定规章，齐抓共管，与科研部门一道研究优化有地区代表性的实用技术，通过示范村、示范乡、示范县的建设，在一定区域内集中生产秸秆综合利用的规模效益。

第四章　环境保护工作系统分析

第一节　环境识别分析

环境识别是通过对环境系统的分析与处理，发现和鉴别环境问题的过程，其目的在于发现问题，为解决问题提供依据。因此环境识别是环境保护的基础。根据环境问题的内容，环境识别可分为资源退化识别、环境污染识别和自然灾害识别三类。根据环境系统的发展状况，环境识别可分为环境现状识别和未来环境识别两种。前者是通过调查、监测及分析处理，确定现实的环境状况及存在的问题；后者则是根据环境系统的发展变化规律，预测在人类社会行为的影响下，环境系统的变化情况。根据环境系统存在问题的性质，环境识别还可分为确定性环境识别和不确定性环境识别，后者也称环境风险识别。这里，重点分析环境现状识别、未来环境识别和环境风险识别三个方面。

一、环境现状识别

环境现状识别就是分析和处理现在时段的环境系统，以发现其中阻碍人类生存与发展的各种环境因素。显然环境现状识别依靠最新的关于环境系统的信息，需要通过环境监测来获取。

为了获得环境系统的真实的信息，目前采用三种水平的监测手段，即地面监测、航空监测和卫星监测。

（一）地面监测

地面采样技术是环境学家的传统技术。今天这些技术仍然是非常重要的，主要原因有以下三点：为了提供详细的情况；为了提供“地面—真实”的测定结果，并用来检验飞机和卫星提供的大部分“遥感”数据的准确性，以及帮助解释这些数据。现在仍然存在许多只有从地面监测才能取得最好数据的环境因素，如降水量、某污染物浓度、土壤湿度等。地面监测虽然可以提供最详细的数据，但是它可能是环境监测装备库中最昂贵的手段。因此，制定科学、可行的监测规划和方案就显得非常重要。

一个完整的监测方案应包括以下内容：

1. 确定监测项目

表现环境系统状况的环境特征因素有很多，在实际工作中没有必要也没有可能对所有的表现环境系统状况的项目进行监测，只能从中选择一些能起指示作用的项目进行监测。因此以识别环境现状为目的的监测方案中，首先要明确监测项目，选择并确定监测项目应遵守优先的原则。所谓优先原则，即指对环境系统影响大的环境因素优先；有可靠监测手段并能够获得准确数据的环境因素优先；已经有环境标准或有可比性资料依据的环境因素优先；预计受人类社会行为影响大的环境因素优先。

2. 确定监测范围

确定监测范围的目的是布置监测点位。能否恰当地确定监测范围取决于对环境系统发生变化的范围能否有正确的估计。不同的环境监测目的应有不同的监测范围。如生态环境监测、环境污染监测和自然灾害监测等就有不同的监测范围；又如工程项目的环境影响评价、区域或流域的环境质量评价、环境风险评价等也都有不同的监测范围。甚至同属工程建设项目的类型，由于项目的规模和性质的不同，其监测范围也会有很大的差异。

3. 确定监测周期

限制监测周期的目的是掌握环境系统在时间上的变化规律。如对环境污染来说，环境变化规律既取决于污染物的排放规律，又受到相应环境要素特性的影响，因此它必须根据排放的实际情况和环境要素的实际情况来研究决定。在监测大气环境质量时，就要根据大气污染源的排放特点（间断排放还是连续排放）及气象特点来决定。在监测地面水环境质量时，要根据河流水文要素的变化（丰水、平水、枯水期等）来考虑，也要考虑污染源排放规律（如一日内有几次周期性的涨落）。

4. 确定监测点位

确定监测点位是为了掌握环境系统及其变化在空间上的分布特征。在不同的环境要素中和对不同的监测项目，其监测点位的布置也不同。比如，大气污染物在空间上的分布是十分复杂的，它要受气象条件、地形地物、人口密度和工业布局等许多因素的影响，因此在布置监测点位时要特别仔细，既要尊重以往的理论结果，又要尊重经验。监测点一般有扇形布点法、同心圆布点法、网格布点法和功能区布点法等几种。

（二）航空监测

航空监测是三种监测方式中最经济有效的一种获取环境系统信息的方法。其基本技术是系统勘察飞行。系统勘察飞行是一种量化土地利用空间分布参数综合应用目视观察和从高翼轻型飞机上低空拍摄垂直照片的抽样技术。飞机在研究区上空作同方向的横切

（航线）飞行，速度约每小时160km，高度120m左右。沿着每一横切方向用目观察作连续记录，并根据间隔的时间（如一分钟）或距离（如5km）划分成一系列“小单元”。对每一小单元拍摄一张或数张垂直的样片，然后把在测量调查中记录的所有数据与各个小单元进行比较复验。

系统勘察飞行法的主要特点是能够提供一套高度精确的地理参数点。其关键技术在于飞行的精确飞行，即保持相同的高度、速度沿横切方向飞行。

典型的系统勘察飞行采用的是一种采样方格网。统一的横轴墨卡托网格系统广泛用于这类取样，由于它是一种全世界通用的标准网格系统，可以投影到许多地图、航空照片或其他图片和专题图形数据资料上。将每一个小单元纳入一个单独的网格，而每一网格则包含一组不同的小单元。系统勘察飞行调查区网格具有三大用途：可提供标准的地点信息；可提供非常方便的专题绘图单位；可以把图片和专题信息统一标准化，并将数据输入系统勘察数据库。

航空监测可用于动物种群的长期监测，区域的资源登记，环境影响评价，植被监测和土地利用变化监测等多个方面。其使用空间范围可达50km^2—500000km^2。如果需要对某一限定范围内的标志或项目进行详细研究，则有另外一种方法获取信息，这就是分层随意抽样法。分层次的目的是将研究区分成某一特定属性或属性组合一致的小区。其中最常使用的属性是地形、植被、土地利用形式等。与整个调查区相比，所划分的层次的小区较为一致。例如，一个调查区可能有洪泛平原、一些坡度较缓的丘陵以及一些通向高地的陡坡。对于这样的地区，就可以根据地形图即洪泛平原、丘陵、陡坡和高地高原进行明确的分层。这样的分层无疑将反映基本的土地利用形式。同时，还可以进一步对上述地形分层进行细分。

不论采取何种分层方法，要想一个地区的分层取得成功，必须遵守两个重要原则。

原则一：分层必须反映调查的主要目的。没有一个单一的分层可以实现所有可能达到的调查目的，任何一个特定的分层只对确定该分层的标准有效。因此，一个反映森林植被类型的分层，对于农业土地利用形式来说并不适宜，反之也是如此。

原则二：在分层过程中必须应用尽可能广泛的信息，其中包括：卫星图像、地图、小比例尺航空照片以及过去出版的有关研究地区的资料。在一次分层中必须应用和综合这些信息。此外，层边界一旦划定，就要对该区进行飞行调查，以确定这些层次是有差异和有意义的。在层界划定以后，抽样应集中在那些具有特殊意义的层次上。在确定了层界和每层中的抽样工作量之后，每层中的航线样块是随意分布的。

系统勘察飞行和分层随意抽样方法各有优点，实际上可相互补充，可以在绝不相同的情况下提供截然不同的信息。

系统勘察飞行方法在下列情况下最适用：大面积研究区中的多学科开发项目。在这种项目中，项目的各方牵涉到环境、资源以及开发潜力的不同方面；需要量化资源的季节性分布和数量以及土地利用形式的季节性分布时；需要把范围广泛的辅助性数据纳入数据库时；需要分析环境变化及基础设施服务网对资源分布、数量、利用及对土地利用的影响时。分层抽样方法的最适宜的条件：需要对小范围的标志进行最精确的测量时；当低抽样密度层确定对一个开发项目是无足轻重时。

因此在实践中，分层随意抽样普遍用于监测，即用于高度精确地量化某种趋势的细微变化。与此相比，系统勘察飞行经常用于初步的登记收集基础数据，然后再根据这些数据确定监测阶段。

（三）卫星监测

卫星现在已用来监测诸如天气、作物状况、森林病害、初级生产力以及空气、海洋和淡水污染等方面。当前资料可以从地球资源卫星上获取，也可以从 NOAA（国家海洋和大气局）卫星系列加以收集。地球资源卫星在地球上空高度为 900km 的轨道上运行并且每隔十八天通过地球表面同一地点一次。地球资源卫星上装有传感器，可以用几种电磁光谱频带监测地球表面反射的射线，分辨率为 80×80m。系列中最新的一颗地球资源卫星—四号装有主题测绘仪，分辨率为 30m。美国航空航天局已经能够获取小于 1m 级的数字影像。地球资源卫星以两种方式输出资料：数据本身及通过计算机对光谱数据积分和产生的照片和图像。照片的分辨率较低，每帧照片覆盖的区域为 185×185km。它们可用黑白正片和负片两种方法生产，也可以生产假彩图像。后者通过人工地使用颜色以表示图像中的不同特征。这些人工假彩色与地面或空中测量中获得的数据具有确定的联系。一旦确定出假彩色与地面上已知特征的对应关系，卫星图像就可以作为可靠的资料源，除了要求进一步的关系外，没有必要做进一步的地面或空中测量。采用资源卫星数据的一个最大优点就是资料以很频繁的间隔重复，即每次测两遍，每隔十八天重复一次。可以预测，随着技术的提高，高分辨率卫星的投入使用，卫星监测在环境识别中将起越来越大的作用。

二、未来环境识别

（一）基本概念

未来环境识别主要是通过环境系统的发展变化规律，预测人类社会行为对环境系统的影响，也就是预测在人类社会行为的作用下，环境系统发生了怎样的变化。其核心是预测。环境预测通常包括三类：警告型预测（趋势预测）、目标导向型预测（理想型预测）和规划协调型预测（对策型预测）。

趋势发展警告型预测是指在人口和经济按历史发展趋势增长，环境保护投资、防治管理水平、技术手段和装备力量均维持目前水平的前提下，预测未来环境的可能状况。其目的是提供环境质量的下限值。

目标导向型预测是指人们主观愿望想达到的水平。目的是提供环境质量的上限值。发展规划型预测是指通过一定手段，使环境与经济协调发展可能达到的环境状态。这是环境预测的主要类型，也是环境决策的主要依据。

环境预测是在环境调查和现状评价（含经济社会调查评价）的基础上，结合经济发展规划或预测，通过综合分析或一定的数学模拟手段，推求未来的环境状况。其技术要点是：把握影响环境的主要经济社会因素并获取充足的信息；寻求合适的表征环境变化规律的数学模型和（或）了解预测对象的专家系统；对预测结果进行科学分析，得出正确结论。

对未来环境的识别重点不在于认识规律本身，而在于对未来环境状况的判断和描述，在于对预测的应用。预测应用就是用预测规律来判断未来。在实际工作中，预测常常和决策结合起来使用。假定预测未来的环境质量或环境系统的状况严重恶化，决策接受了这一预测结果（警告），并采取措施加以预防，削弱或铲除不利环境影响的实现条件，则可以避免或者减缓这种不利影响。可见，环境预测的价值不在于它能否实现，而在于它是否有用。应该明确的是，环境预测所依据的预测规律毕竟不等同于现实的客观规律。预测规律是基于过去和现在的已知，通过系统分析和处理获得的。然而过去和现在毕竟不是未来，已知终究不是未知。因此用预测规律来判断未来，肯定会有误差的。其原因在于环境影响预测所要研究的是未来的、未知的不确定性的问题，需要在不确定中研究各种可能，减少人类活动对未来环境的影响，以增强人类活动对未来环境的适应能力，主动应付在未来环境中可能出现的各种情况，从而达到环境与发展的协调。

（二）未来环境识别的内容

环境预测的内容包括污染源与环境污染预测、生态环境预测和自然灾害预测三个方面。

1. 污染源和环境污染预测

污染源预测的主要内容包括：废水、废气排放量、各种污染物产生量及时空分布、污染物治理率、治理能力和累计（固定资产）投资。环境污染预测主要在预测污染物增长的基础上，分别预测环境质量的变化情况，包括：大气环境、水环境、土壤环境等环境要素的时空变化。具体包括大气污染源预测、废水排放总量及各种污染物总量预测、污染废渣产生量预测、噪声预测和农业污染预测等。

2. 生态环境预测

包括城市生态环境预测、农业生态环境预测、森林环境预测、草原和沙漠生态环境预测、珍稀濒危物种和自然保护区现状及发展趋势预测、古迹和风景区现状及变化趋势预测等。具体包括：城市生态环境预测：包括水资源合理开发利用情况，城市绿地面积（包括水面）及其对环境的影响，土地利用状况及城市发展趋势等。农业生态环境预测：包括水土流失面积、强度、分布及其危害，盐碱土及盐渍土的面积、分布及其变化趋势，耕地质量及其变化趋势和乡村能源结构现状及发展方向等。森林环境预测：包括森林的面积分布和覆盖度，森林蓄积量、消耗量和增长量，森林动物资源的消长情况及变化趋势，森林的综合功能（对温度、湿度、降水、洪、涝、旱的影响）等。草原和沙漠生态环境预测：包括草原面积、分布、牲畜量、野生动物资源及发展趋势，沙漠面积、分布及沙漠化的发展趋势，草原植被破坏和沙漠化对气候变化及风沙化的影响等。稀濒危物种、自然保护区、古迹与风景区现状及变化趋势预测：包括一般过去、现状和未来的描述，稀濒危物种保护和健全自然保护区的综合意义及发展趋势，古迹和风景区现状及变化趋势等。

3. 自然灾害预测

包括气象灾害、海洋灾害、地质灾害、生物灾害和其他类型灾害的分析与预测。具体内容有：气象灾害预测。气象灾害是发生频率最高、致使损失最大的一类自然灾害，其原因主要是各种气象要素的多寡和时空分布异常。气象灾害预测包括：

（1）干旱：因长期无降水或少降水造成土壤缺水、空气干燥的一种气象现象，按其特征可分为土壤干旱、大气干旱、生理干旱和水源缺乏等；

（2）洪涝和湿害：包括洪水、涝害、湿害、凌汛、冻涝、雪害等；

（3）低温灾害：包括冷害（障碍型、延迟型和混合型）、冻害、霜冻、暴风雪、冷雨、雾凇和冰凌等灾害；

（4）高温灾害：包括热浪和农作物热害等；

（5）风灾：包括热带气旋、寒潮大风、雷雨大风、龙卷风、焚风等；

（6）其他包括：冰雹、雷暴、沙尘暴（黑风暴）、雾灾、雪崩、连阴雨等。地质灾害预测：地质灾害是由于自然和人为的原因造成地质环境或地质体的变化，对人类和社会造成危害。具体包括以下几个方面的预测：崩塌（塌方、崩落）、滑坡、泥石流；

（7）地裂、地面塌陷；

（8）地震、火山喷发。

海洋灾害预测：海洋灾害是指海洋自然环境发生异常或激烈的变化导致海洋上、海岸或沿海导致对人类生命和财产的损害。具体包括：

（9）风暴潮（气象海啸）、地震海啸和灾害性海浪；

（10）冰山、海冰。

生物灾害预测：生物灾害由对人类健康、各业生产及对人类生态环境有害的各种生物引起，突发性危害严重者可形成灾害，在各类自然灾害中是种类最多的。具体包括：农作物和森林病害、农作物和森林虫害、农作物草害、农业兽害、畜禽鱼病和危害人类的有害生物等。环境自然灾害预测：由于不合理的人类行为导致的环境恶化，反过来对人类造成的危害。包括土地沙化和荒漠化、水土流失、水资源短缺、生物多样性锐减、臭氧层空洞和紫外辐射伤害、土壤盐碱化、地面沉降、赤潮、海水内侵等。

（三）未来环境识别的基本原理

未来环境识别主要依据下述基本原理：

可知性原理：事物都有其产生和发展的规律，规律是固有的，掌握其规律，根据过去和现在就可推知未来。

风险性原理：由于未来影响因素的复杂性和多变性，预测对象期望的未来状态也表现为多样化。由于预测结果通常只有概率的统计性，从而使得预测具有一定的风险。所以，预测就必须对未来各种可能的趋势进行评估，描述风险范围。

相似性原理：把预测对象与某种已知事物的发展状况相类比，推知预测对象的未来状态。

反馈性原理：把预测结果反馈到决策和规划系统，实现预测为决策和规划服务的目的，指导当前的决策。

系统性原理：系统是一个相互关联的、多要素的、具有特定功能的有机整体。任何一个事物都可以看成是一个系统，从而可从分析系统的结构和功能、研究系统、要素、条件三者的相互关系和变动的规律性出发预测事物的未来状态。

可控性原理：预测对象的发展趋势是有条件的，改变条件就会影响它的发展趋势。因此，预测活动既指明造成未来结果的原因，又指明改变这种结果的途径。对一些不利的预测结果，就可以采取有效途径使之不发生，并朝着有利的方向发展。

艺术性原理：预测的基本要素有五个，即预测者、预测对象、信息、预测理论方法、预测结果。其中预测的主体是预测者。预测是一种取决于实践经验的艺术，在很大程度上依赖于决策者的经验、主观能动性、深刻敏感的洞察力和远见卓识的判断力。

（四）未来环境识别的方法

预测是预测者依据历史资料或系统发生发展规律对未来所做出的主观判断。预测结果正确与否取决于预测者所选用的预测方法是否恰当。预测方法作为预测学的核心内容，已经得到极其迅速的发展。目前常用的预测方法大体可以分为四类：第一类是统计分析法，其要点是在掌握大量历史和现在数据资料的基础上，运用统计数学的方法进行处理，揭示出以这些数据资料为反映的内在客观规律，并据此对未来进行预测；第二类是因果分析法，其要点是从机理上对客观事物和它的影响因子之间的因果关系进行定量分析，通过演绎或归纳方法获得内在规律，然后对未来进行预测；第三类是类比分析法，其要点是把正在发展中的事物与历史上曾发生过的相似事件作类比分析从而对未来进行预测；第四类是专家系统法，其要点是用层次分析技术将众多专家对事物未来所做的估计加以综合分析，对未来做出预测。

预测方法也可根据其特点和属性，分为直观预测、约束外推预测和模拟模型预测三类。

1. 直观预测法

主要是对预测事件未来状态作性质上的预测判断，而不着重考虑其量的变化情况。预测方法虽然有多种，但是任何一种方法都不能排斥人的直观判断能力。如在建立同态预测模型和确定边界条件时，在检验预测结果时，尤其是在最后决策规划中，都离不开人的直观判断，否则在很多情况下根本无法定量计算的，因此，直观预测与直观判断的正确与否在很大程度上决定着预测的准确性。

2. 约束外推法

是指在一个系统的大量随机现象中求得一定的约束条件即规律，据此规律推断系统未来状态的方法。这里所说的“外推”也包括“内插”即内推。如单纯外推法、趋势外推法、迭代外推法、移动平均法、指数平滑法等。此类预测方法多用于时间系列的预测。

3. 模拟模型法

此类预测方法是根据“同态性原理”建立预测事件的同态模型，并将这些模型进一步数学形式化，然后再根据“边界性原理”确定预测事件的边值条件，进而确定未来状态与现实状态之间的数量关系。如回归分析与相关分析、最小二乘法、弹性系数法等。

4. 环境预测的程序

环境预测是一项多层次的活动，各层次之间的预测任务既有区别又有联系。一个完整的环境预测过程，通常要经过三个阶段，即准备阶段、综合分析阶段和实施预测阶段。准备阶段包括明确预测目的和项目、确定环境预测周期和收集环境预测所必需的资料等；综合分析阶段包括分析数据资料、选择预测方法、修改和建立预测模型、检验模型等；实施预测阶段包括实施预测、误差分析和提交预测结果等。

三、环境风险识别

“风险”对大多数人来说是一个不好的字眼。降低风险、控制风险是许多人的愿望。随着人类生存环境的恶化、社会竞争的日趋激烈，人们对风险问题的研究更加迫切。资料显示，从里根时代起，美国政府开始斥巨资资助风险学科的研究，美国风险学会（SRA——Society for Risk Analysis）迅速成长为一个国际性学术组织，相继在日本和欧洲建立了分会。预计风险技术将会成为21世纪美国的核心技术之一，其地位基本同现在的核心技术之一——计算机仿真技术差不多。

风险问题是一个古老的问题，但风险学科的形成则是最近几十年的事情。美国庆祝了第一个地球日，同时美国政府设立了环境保护署（Environmental Protection Agency），关注环境（空气、水、土地和其他自然资源）质量问题被提上了议事日程。随后，一些紧迫的问题，如被动吸烟、乱用荷尔蒙、蜂窝式电话对人体的影响、全球气候变暖等，也被列入关注的范围。自然灾害、工业事故、化学品和食品安全等仍然是人们关注的问题。随着人们对灾害体验能力的提高，加之政府已无力控制一些交叉环境灾害，因而在公众中大范围扩散一种要求知道事实真相的情绪。于是大量的信息提供给了公众，政府也加大了对整治环境、减轻灾害的投资力度。然而，面对大量的信息和达不到预期成效的投入，人们感到茫然。里根政府上台后，开始注重治理环境方面投入产出的效益问题，大量资助科学家研究如何在不确定条件下进行合理的决策。这样，风险评估作为一种植根于科学原理之上的系统框架被提了出来，以帮助人们理解和管理各种各样的风险。

（一）风险的分类

人们总是在面对着各种风险，无论是作为个体的个人还是各种社会团体中的一员。有些风险是自愿型的（Voluntary risks），有些则是被动型的（Being forced to）。抽烟、登山导致的风险是典型的自愿型风险，而核废料产生的风险、洪水与地震风险等均是被迫型的。与风险无关的事件极为少见。通常从定性的角度了解风险比从定量的角度了解风险会更全面一些。尽管“风险”已被一些权威人士定义为“单位费用负担在单位时间内发生的概率”，但概率风险并不能替代风险。有效地进行风险识别和风险管理的基础工作是对风险概念本身的了解。直观地看，当可能有损失并且对财政的影响较为明显时，风险就存在。这种语言的定义比用数学术语的定义更能抓住风险的特征。事实上，在现实中，可能性和损失的财政意义都很难精确定义。

从认识论的角度看，风险大体可以分为四类：

第一类：真实风险。这类风险完全由未来环境发展所决定。真实风险也就是真实的不利后果事件。来自工业的污染问题主要与真实风险相联系。许多环境污染研究，大多着眼于已形成的污染问题。污染对人类来讲，是一种不利后果事件。污染研究中大部分工作是对现有的污染进行观测、分析、整治。突发性灾害的灾情评估也属于真实风险的范畴。此时的灾情调查的重点不是推测今后灾情的发展，而是了解当时的灾情状况，对已经出现的不利后果事件进行调查、归类、统计，给出评估结果。对于洪水、干旱、病重害等，由于灾害有一定的过程，有时随着时间的变化灾情有较大的变化，因此，很难把对之的调查归入真实风险的调查。

第二类：统计风险。这类风险是由现有可以利用的数据来加以认识。统计风险事实上是历史上不利后果事件的回归。机动车保险费率与统计风险密切相关。具有超越概率指标的地震烈度区划图是一种统计风险区划图。我们说某江堤具有抗御五十年一遇特大洪水的能力，涉及的洪水风险也是一种统计风险。

第三类：预测风险。这类风险可以通过对历史事件的研究，建立系统模型来进行预测。预测风险就是对未来不利后果事件的预测。核电站的核安全保护措施大多基于预测风险之上。项目投资风险、发射卫星失败风险，均归入预测风险。自然灾害风险既有统计风险的成分（因为自然灾害频繁出现），又有预测风险的成分（因为有的自然灾害可以预测）。

第四类：察觉风险。这类风险是由人们通过经验、观察、比较等来察觉到的。察觉风险是一种人类直觉的判断。在日常生活中，我们通常凭直觉来处理风险问题。一个风险问题，可能涉及两类以上的风险。例如，对于一个拥有大量飞行事故数据资料的保险公司来说，民航飞行风险问题，是已知的统计风险。然而，对一个在飞机场考虑是否购买乘客保险单的乘客来说，民航飞行风险是一个察觉风险。对一个乘客来说，他不可能在即将登机前的短暂时间内去收集和分析任何数据。大多数情况下，他会将当时的情况和一些典型的情况比较，这些典型情况，有些是安全的，有些则是空难。这表明只有统计风险才涉及用概率来测量各种不利后果出现的可能性。事实上，对于统计风险而言，统计方法也只有在大量收集了数据资料后才是一种有效的工具。概率方法对察觉风险的识别几乎无能为力。

尽管在保险业中，“风险”一词的使用频率很高，但是仅对保险而言，关于风险概率的定义仍然是众说纷纭。主要有两大派观点：一派观点认为，所谓风险，就是损失的不确定性。有人把这种说法归为“主观风险”学派。另一派观点认为，风险是存在的事物，是可以用客观尺度加以衡量的。这一派观点被称为“客观风险说”。两者的共同之处是都承认风险是与损失相联系的概率，而不把积极结果如盈利视为风险。当然，在其他行业也有人把盈利小视为一种风险。

在保险业中，有四种基本的风险分类方法：按风险产生的根源划分，如水灾、火灾等因素所形成的风险；按风险标准的划分，如财产风险、人身风险、责任风险等；按风险的后果划分，可分为纯粹风险和投机风险；按风险管理的标准划分，可分为可管理风险和不可管理风险。从认识论的角度对风险进行分类，有利于选用合适的技术去认识和掌握风险，有利于提升风险管理的水平。

（二）风险的本质

众所周知，风险对不同的人可能意味着不同的意义。从科学研究的角度看，风险分析的挑战性工作就是去寻找一个科学的途径估计某个概率的分布。通常我们所说的风险评估，其侧重点已从寻找科学途径转移到使用现成方法计算和评估风险程度的工作上来。而风险管理则主要是指降低、观察、控制风险的人类行为。按照这样的观点，风险分析的主要难点在于掌握风险系统的随机性规律。然而在许多风险系统中，随机性只是风险特性之一。风险的本质是由所有的风险特征决定的。为了研究风险本质，首先让我们来看一下风险分析的目的何在，看一下我们在碰到一个实际系统时的处境。

大量的资料分析表明，风险分析的目的是要描述或掌握一个系统的某些状态，以便进行风险管理，降低或控制风险。因此，对于风险分析而言，必须能显示出状态、时间、输入等要素之间的关系。概率分布仅仅是事件和发生概率之间的一种关系。对许多系统来说，不可能精确地估计出所需要了解的概率关系，因此我们面对着不精确概率的问题，况且，是否存在概率关系有时也是一个问题，而且概率关系也不能替代与风险有关的所有关系。总之，风险分析的目的是要回答：一个不利后果是怎样产生的，为什么会产生。基于这种观点，可以认为风险本质是不利后果的动力学特性。

事实上，一个风险系统可以用一些状态方程来研究，条件是我们能找到这些状态方程。风险控制问题，原则上同工程控制问题在本质上没有什么区别。在许多情况下，要获得所需的状态方程和所有数据是非常困难的，况且也没有必要全面研究状态方程。概率方法就是研究工作的一种简化。当我们用概率方法研究一个风险系统时，通常很难判断一个人为的概率分布假设是否合适，而且我们也常常会碰到小样本问题，即数据太少，难以用传统方法做出判断。这意味着，要想获得事件和发生概率间的一个精确关系，是一项困难的工作。进而我们能够通过某种途径简化系统分析。然而，对于简化的系统，要精确地获得我们所需要的关系也是困难的，换言之，我们得到的关系通常是不精确的。为了保留下分析结果中的不精确信息，最好的途径是使用模糊关系来表达关系。这样，对于统计风险而言，一个事件可能对应着几个概率值，只是程度不同而已。

在决策论中，倾向于将风险看作一个三维概念。它具有下述三个性质。

性质一：非利性。风险对于个人或团体意味着会有不利后果。

性质二：不确定性。不利后果的发生时间、空间或强度上有不确定性。

性质三：复杂性。十分复杂，难以用状态方程概率分布来精确表达。

显然，由于性质三的存在，风险是一种复杂现象。当复杂性被忽略时，风险概念可以退化成概率风险，这就意味着，我们能找到服从于某种统计规律的概率分布，它可以适当地描述风险现象。如果再忽略风险的不确定性，则风险概念就退化成不利事件概率，如，损失、破坏等是其更具体的概念。

第二节　环境评价分析

从环境保护的角度看，环境评价主要包括环境生态评价、环境污染评价和自然灾害评价三个方面。重点是环境评价标准和环境评价方法的选择。

一、环境评价的主要内容

环境保护是从可持续发展的角度出发，人类维护与强化环境系统的持续支持发展能力和减轻环境系统对持续发展的限制或破坏力的社会行为系统，它包括三大活动，即自然资源保护、环境污染治理和自然灾害减轻。因此，环境评价的主要内容就是环境资源评价、环境污染评价、自然灾害评价三个方面。其中后两者可以用环境风险评估概括。

（一）环境资源评价

自然资源是指一切能为人类提供生产、发展、享受的自然物质和自然条件及其相互作用而形成的自然生态环境和人工环境。其中，自然物质和自然条件是在一定的社会经济条件和一定的科学技术水平，以及人类社会不同发展阶段上所需要的自然物质与自然条件；自然生态环境是自然物质在一定自然条件下相互作用、相互影响和相互制约所形成的具有生态结构和属性的、遵循生态平衡规律的有机的自然环境，它是自然物质与自然条件的综合形态，亦可称生态环境资源；人工环境是经过人工干预的自然生态环境，也可称人工环境资源。在进行科学管理和合理经营的条件下，自然资源可以不断地向社会提供物质产品、非物质产品和环境服务，促进经济社会持续发展和环境改善。例如，森林资源按物质产品和非物质产品分类就可以分成森林实物资源和森林环境资源两大类。

关于森林资源物质产品的评价可按实物产品进行估价，这里就不多论述。自然资源评价的重点在于森林环境资源的评价。森林环境中的“环境”是指以森林为中心，决定它生存和发展的条件。它包括：自然因素、技术措施以及政策、法律和经济手段等。

环境资源的基本评价方法主要采用经济学方法，即费用—效益分析。它的基本内涵是把环境看作一种经济活动的对象，人们为了从环境中获取资源或求得舒服就需要投入一定的物质能量和劳动，用以保护资源和改善环境。费用—效益分析包括两个方面的内容：一是费用分析，是指对环境资源再生产过程中人类所支付的人力、物力和财力等因素的分析，这些因素大多可以用货币的形式加以体现；二是效益分析，是环境资源再生产过程之后，人类从中所得到的货物或舒适的环境质量，效益中有些是可以量化的，如自然保护区及森林公园的门票收入，而有些则是难以计量的，如环境为人类保存“基因库”及保持全球 CO_2 的平衡作用等。费用—效益分析一般构成确定的对应关系，即一定的费用投入产生与此对应的一系列效益，从而建立相应的费用—效益函数，费用—效益分析实际上是一系列费用函数和效益函数的组合，同时也包含着多种方案的选择。费用—效益分析的基本思想是：任何效果都是对特定活动预期目的的实现程度，因此，同一目标活动的效果是可以比较的。在费用相同的条件下，比较它的效益；在效益相同的条件下，比较它的费用支付；也可以研究费用与效益的比率，即费用的有效性。它的原理是效益必须大于费用，即净现值必须大于零，并使之趋于最大值。

环境资源总经济价值可分为利用价值和非利用价值。利用价值可进一步分为直接利用价值和间接利用价值，非利用价值也可以进一步分为选择价值（潜在利用价值）、存在价值和遗产价值。因此，环境资源的总价值可用如下公式表示，具体价值分类可用总经济价值 = 直接利用价值 + 间接利用价值 + 选择价值 + 存在价值 + 遗产价值。

利用价值：森林可以为人们提供旅游服务、固定二氧化碳、释放氧气、涵养水源和保护土壤等，它可以被人们直接或间接利用，因此具有利用价值。

选择价值：是指人们为了自己的将来能选择利用森林环境资源而愿意支付的费用。

存在价值：是指环境资源的存在意义，是人们为确保森林环境资源及其提供的公益效能能够继续存在而愿意支付的费用。

遗产价值：是指当代人为了把森林环境资源及其提供的公益效能保留给子孙后代而愿意支付的费用。

愿意支付：是消费者剩余理论中非常重要的概念，也是一些环境资源评价方法的核心内容，它是指消费者为获得一种商品、一种服务而愿意支付出的最大货币价值量。根据西方经济学的理论，支付意愿代表商品的价值，而且是任何商品价值的唯一合理表达方式，它由实际支出和消费者剩余两部分组成。

消费者剩余：是指消费者愿意为商品或服务付出的价格与实际付出的价格的差额，即消费者从某些商品或服务中得到的净效益。

具体根据费用—效益分析评价环境资源的经济学方法主要有环境效果评价法、收益损失法、旅行费用法、随机评估法（也称条件价值法）。其中后两者是目前国际上最流行的评价方法。

除了经济学评价方法之外，评价环境资源也可以用环境质量评价的其他方法，如指数法。例如，国家环境保护管理局在对海南省自然环境质量的评价中，按照环境生态学的原理，提出了按生物生产量、生态系统的类型和物种多样性、生态系统稳定性、自然环境的清洁度等四个基本原则为依据选择评价指标。在具体评价中，有根据科学性、简明性和发展性的要求，选择了生物量、维管束植物、表征动植物、土壤侵蚀模数、土壤有机质、森林覆盖度、保护区面积、径流变化均匀性、水污染和大气污染指数等。然后应用指数法和模糊聚类分析方法对海南省的环境资源进行了评价。

（二）环境风险评价

在环境风险识别中，将风险从认识论的角度分为真实风险、统计风险、预测风险和察觉风险四大类。环境污染评价和自然灾害的灾情评估基本上与真实风险相联系。这里的环境风险评价主要针对统计风险和预测风险。对察觉风险来说，基本由环境风险认知分析来解决。风险与不确定性有密切的联系。不确定性是客观事物具有的一种普遍属性。它包括两个基本类型，即随机性和模糊性。随机性是针对事件的发生与否而言，事件的含义是确定的，只是由于条件不充分，它是否发生具有多种可能性。随机性可以用在[0,1]取值的概率分布函数来表示；模糊性是指元素对集合的隶属关系而言，事件本身的含义是不确定的，它可以用在 [0，1] 上取值的隶属函数来表示。通常认为风险是可以度量的不确定性。风险评价就是将环境不确定性转化为风险的过程，它包括以下三个基本内容，即：分析风险的发生过程，确定风险的规模和严重程度，估计风险发生的概率和期望值。

1. 确定路径

确定路径包括分析风险发生的过程以及将这一过程分解成可以确定各自概率的部分等两方面内容。对一般的工业过程如发电厂而言，可以采用“故障分析”来指明可能出现的失误及其该失误将对系统其他部分产生影响的可能路径，这对于那些可能发生爆炸、泄露、释放或坍塌等概率极小但危害严重的事故的系统，如核电站、化学工厂、大型建筑物和构筑物（如水坝）等来说尤其重要。

其他一些环境变化过程尽管没有上述事件那样剧烈，但是其环境影响同样是非常明显的，也很有必要分析清楚其发生作用的途径。例如，由农业残余农药或土地填埋场引起的对地下水的潜在污染在很大程度上依赖于土壤条件、地质结构、降雨、排污类型及周期等，在这种情况下，污染途径非常复杂，有时需要借助计算机来建立模型来描述它。对于一些环境的缓慢变化，如土壤侵蚀，要建立其发展变化模型就更为困难。

风险评价的第一步是要了解容易导致风险发生的因素、可能的触发事件以及随后发生破坏的路径。

2. 确定风险的规模和严重程度

风险具有概率和规模两个作用属性。在考虑概率这个因素之前，首先要了解可能发生风险的规模。风险的规模实际上是指某一环境现象超出环境评价基准或标准的程度。显然，不同的风险类型存在不同的评价指标体系。如，对于某一块土地来说，土壤侵蚀的数量可以用每年耕作层深度的变化（用厘米计）来表示；又如填埋场引起的地下水污染的严重程度是指地下水中有害物质元素的含量超出了临界值。沿海水域污染对旅游业的影响程度可以用染上肠胃炎的游泳人数来表示等。

关于环境损害的资料可以从不同的渠道获得。例如：

历史观测资料：如洪水灾害；

现场实验与观察：如土壤侵蚀、酸雨。

剂量——响应关系的研究或其他方面建立起来的函数式：如，水体污染与游泳者健康状况之间的关系；建立模型：如地下水污染模型、核电站安全模型；实验室试验或对照实验：如空气污染引起的腐蚀等。

3. 估算概率和期望值

概率描述某个特定事件的发生概率。如果某个概率是建立在科学观测和估计的基础之上的，那么这个概率就称为“客观概率”；相反，如果某个概率是通过专家和决策者的判断得到的，那么这个概率就称为“主观概率”。确定概率和期望值的方法通常用统计法和专家调查法。

这里以灾害风险评估为例具体说明环境风险评价的内容。灾害评估是以对人类生命财产和生存环境造成严重破坏性后果的环境事件作为评估对象。灾害的后果是致灾因子特性（如洪水的淹没范围、水深、流速、水体含沙量、洪水历时等）、承灾体特性（人口密度和结构、土地利用方式、投资与财产密度等）和灾区社会的抗灾能力的函数。在灾害评估中，首先应该在分析环境系统的基础上确定致灾风险，即确定不同强度致灾因子的发生概率。这里所说的强度是指诸如台风的风速、暴雨的单位时间降水量、洪水的水深和历时、地震的地表震动幅度和泄露的辐射量、爆炸事故的能量等。不是任何强度的环境变化都能够成为致灾因素。只有那些强度大得足以对人类的生存和发展产生破坏性作用的环境变化才能够称为致灾因子。

其次，确定承灾体（人类的生命、财产和生存环境）在不同强度致灾因子条件下的受损率，即发生损害的概率，也称易损性评估。易损性评估通常能够提供如下信息：易损的范围：包括物质的（建筑物、基础结构、应急设备、农业等）、社会的（脆弱的团体、生活方式、对风险的理解、地方风俗习惯、贫困等）和经济的（直接损失和间接损失）三个方面；易损的类型：人员伤亡、建筑物损坏、生态资源破坏等；损失的程度：损失的具体量度。

第三，在致灾风险评估和承灾易损性评估的基础上，进行灾情评估，即对灾害事件所产生的结果进行评估。灾害事件是致灾因子与承灾体的结合。灾害事件所产生的破坏性后果称为灾情。由于致灾风险评估和承灾易损性评估的概率特性，使得灾害事件的发生也具有概率性，因此在灾情评估中，特定环境下不同损失程度的灾害事件发生的概率是不同的。根据灾害损失程度的不同，灾害被分为不同的等级。

第四，任何灾害事件的发生都不可避免地造成损失。人类必然会想方设法应对灾害，采取各种措施对付灾害。然而，不论采用何种措施，都应该判断其得失，得不偿失的行为是必须避免的。这就需要对人类的各种减灾措施进行成本效益评估，也简称为减灾效益评估。另一方面，由于任何减灾措施都不可能把灾害事件的发生概率降低到零，尽管人们期望通过努力把灾害事件的发生概率降得尽可能地低，但从经济上考虑，这样做所花费的成本可能很高。因此就有必要对人类可接受的灾害水平进行分析，为成本效益分析提供一个基准。

二、环境评价标准

（一）标准的定义

关于标准，目前国际上还没有一个统一的定义。多数国家采用国际标准化组织的定义，即“标准是经公认的权威机构批准的一项特定的标准化工作的成果，它可以采用下述表现形式：一套文件，规定一整套必须满足的条件；一个基本单位或物理常数，如安培、绝对零度等；可用作实体比较的物体。”

我国国家标准总局对标准所下的初步定义是：“对经济、技术、科学及其管理中需要协调统一的事物和概念所做的统一技术规定。这种规定是为获得最佳秩序和社会效益，根据科学、技术和实践经验的综合成果，经有关方面协商同意，由主管机关批准，以特定形式发布，作为共同遵守的准则。”

任何标准都需要规定适用的范围、适应的对象和必要的内容，通常称作标准的三要素。标准的范围（分级）：根据使用的地区和范围，标准可分为国际标准、国家标准、专业标准和地方标准等。

标准的适应领域和对象：目前标准的适应领域和对象已扩展到人类社会生产生活的各个领域。如环境保护、安全卫生、行政管理、交通运输、文化教育等，都应用着标准的原理，都是标准化的对象。

标准的内容：根据标准对象的特征和制定标准的目的，标准的内容有很多种，一般的技术内容包括名词、术语、符号、代号、品种、规格、技术要求、检验方法、检测规则、技术文件、图表、标志等。

环境标准是从保护人群健康、促进生态良性循环和经济社会持续发展的角度出发，为获得最佳的环境效益、经济效益和社会效益，在综合研究的基础上制定的，经权威机关批准发布，具有法律效力的技术准则。它一般说明两个方面的问题，即人类持续发展包括人群健康及与其有密切关系的生态系统和社会财物不受损害的环境适宜条件是什么？为了实现这些环境条件，又能促进经济社会的发展，人类的生产、生活活动对环境的影响和干扰应控制的限度和数量界限是什么？前者是环境质量标准的任务，后者则是环境限制标准的任务，如污染物排放标准的任务。通常人们所说的环境标准，主要是指后者，即环境标准是为保护人群健康、社会财物和促进生态良性循环，对环境中的污染物（或有害因素）水平及其排放源规定的限量阈值或技术规范。

环境评价标准比环境标准的内涵要广泛得多。环境评价必须以环境质量的价值为依据。因为与人类社会生存发展的需要毫不相干的事物，即对没有价值的事物，人类没有必要去评价它。由此，环境评价的标准也必须从能否衡量环境系统对人类需要的满足程度的角度去研究和建立。具体来说，环境评价标准应该能够反映环境系统的健康价值、经济价值、生态价值和文化价值。

1. 环境的健康价值

指一地当前的环境质量对该地人群的健康生存和繁衍需要的满足程度。其具体指标可以从影响人类健康的环境条件中来提取，比如，空气的清新度、水的洁净度、噪声和辐射的强度、食物和住房的丰裕度等。其中的每一项指标还可能包含若干二级指标，如空气的清新度中就包含着大气中的 SO_2 含量、CO 含量、TSP 含量等。当然这里还有一个如何将若干二级指标提炼归并为一级指标的技术性问题。

2. 环境的经济价值

指一地当前的环境质量对该地经济活动需要的满足程度。其具体指标应该从影响经济发展活动的基本环境条件中来提取。由于不同类型的经济活动对环境条件的需要可能有较大的差异，因此，确定环境经济价值的指标体系是一个比较困难的研究问题。尽管如此，解决这一问题的思路还是比较清晰的，即把经济活动对环境条件的需求分为两个大类。一类是对各个环境要素的需求，如，可供使用的土地面积和等级、可供使用的淡水数量和品质、可供持续提供的物质性资源（地下的和地上的，生物的和非生物的）等；另一类是对环境状态的需求，如交通便利程度、通讯先进程度、自然景观的类型和等级等。

3. 环境的生态价值

指一地当前的环境质量对该地自然生态系统保持良性循环需要的满足程度。即“大自然”的再生产或扩大再生产所需环境条件的满足程度。因此其具体指标可以从保持生态系统多样性、群落多样性、物种多样性和基因多样性中去提取。

4. 环境的文化价值

指环境质量对该地人群生活习惯的改变、文化观念的更新、文明程度的提高等多方面的适应。从历史上看，人类文明始终是在人类社会与环境的相互作用中不断地进步的。人类社会不断地适应环境、改造环境、保护环境和建设环境，而环境又总是不断地影响着人类的认识、意识、观念、思想和行为。这些都属于上层建筑的范畴，因此，反映这一价值的指标体系的提取将因为其不确定性和模糊性而显示出更大的难度。总之，环境评价必须以环境质量的价值为依据。

（二）环境标准与环境基准

狭义的环境标准是以保护人体健康、保障正常生活条件及保护自然环境为目标的。因此在制定标准时，首先必须对环境中各种污染物浓度对人体、对生物及建筑等的危害影响进行综合研究，分析污染物剂量、接触时间和环境效应之间的相关性。这种关于相关性的系统资料称为环境基准。

基准资料是依据大量的科学实验和现场调查研究的结果综合分析得出来的。对于各种环境要素，有各种不同的标准，如大气和水的基准；与人体健康有关的是卫生基准；与各种动植物有关的是生物基准；与建筑物损害有关的则是建筑基准。它们的研究方法也不同。环境基准资料来源于许多国家、多种学科和不同部门广泛的研究成果。基准与标准既有区别又有联系。这可以从以下三个方面来理解。

基准是单一学科的研究结果，它所表示的是某种污染物质在某一环境要素中的存量与单一效应之间的关系；而标准则是在多个学科研究得到的基准的基础上，表述环境污染与人类社会生存与发展的政治、经济、技术等多种效应之间的综合关系。

基准是纯粹的科学研究结论，它不以人的意志为转移，不能作为环境评价的依据。而标准是将基准与人群健康、社会经济发展和生态保护等对环境的需要综合起来进行分析和平衡的结果，并由国家以法律形式颁布，因此它是环境质量评价的依据。

基准没有时间性，或者说它的时间性与地球演化的周期在同一数量级上；而标准则有明显的时间性。也就是说，它将随着人类社会的条件及其生存发展需要的改变而改变。

总之，基准是属于纯自然科学范畴的，是标准的基础和核心，而标准则是属于上层建筑的范畴；基准值决定了标准的基本水平，也决定了环境质量应控制的基本水平。从量的角度看，环境标准值与环境基准值之间的关系可能出现三种情况：一种情况是把标准值订在基准值上（特定对象要求的最低水平）。在这种情况下，如果污染物超过了这一界限，就会给特定对象带来危害，因此其安全系数是比较小的。另一种情况是标准值低于基准值，即标准值定在基准要求的水平之下。在这种情况下，即使污染物超标但不超过基准值，也不会给特定对象造成危害，因此安全系数较大。第三种情况是标准值大于基准值，即标准值位于基准要求的水平以下。显然这是不允许的，因为基准值已是特定对象所要求的最低水平，任何标准都不应该定在基准已表明对特定对象能够产生危害的范围内。

（三）我国的环境标准体系

环境标准体系是各个具体的环境标准按其内在联系组成的科学的整体系统。从我国实际出发，我国的环境标准可由三类二级组成，即环境质量标准、污染物排放标准与方法标准三类；国家标准和地方标准两级。

1. 环境质量标准

以保护人群健康、促进生态良性循环为目标而规定的各类环境中有害物质在一定时间和空间范围内的允许浓度（或其他污染因素的允许水平）称作环境质量标准。它是环境保护及有关部门进行环境管理和制定排放标准的依据。

国家环境质量标准按环境要素和污染因素分成大气、水质、土壤、噪声、放射性等环境质量标准和污染排放标准。它对环境质量提出了分级、分区和分期实现的目标值，是国家环境保护政策目标的体现，适用于全国范围。国家环境质量标准还包括各中央部门针对一些特定地区，为了特定目的、要求而制定的环境质量标准，如《渔业水质标准》《农田灌溉水质标准》和《生活饮用水卫生标准》《工业企业设计卫生标准》中的某些规定等。

地方环境标准是根据地方的环境特征、水文气象条件、经济技术水平、工业布局以及政治、社会要求等方面的因素，由地方环境保护部门经有关领导部门的批准而制定的地方标准。它同有关部门进行综合研究，依据国家环境质量标准对本地区环境进行区域划分，确定质量等级，提出实现环境质量要求的时间，同时补充国家环境质量标准中未规定的当地主要污染物项目，并规定其允许水平。国家环境质量标准在地方的具体实施，为地方环境管理提出了实现国家环境标准的具体环境目标。

2. 污染物排放标准

为实现国家或地方的环境目标，对污染源排放污染物进行控制所规定的允许排放水平，称为污染物排放标准。建立这种标准的目的在于直接控制污染源以有效地保护环境。因此，在经有关法律认定后，它对污染源有直接约束力，是实现环境质量目标的重要控制手段。国家排放标准是国家对不同行业或公用设备（如汽车、锅炉等）制定的通用排放标准。各地区都应该执行这一标准。国家排放标准通常按行业、产品品种、工艺水平和重点排污设备等分别制定。

地方排放标准是由于地方的环境条件等因素，当执行国家排放标准还不能实现地方环境质量目标时而制定的地方控制污染源的标准。地方排放标准一般是为重点城市、主要水系（河段）和特定地区制定。“特定地区”是指国家规定的自然保护区、风景旅游区、水源保护区、经济渔业区、环境容量小的人口密集城市、工业城市和政治特区等。地方应将执行国家排放标准作为第一步，地方标准的内容可补充、修订、完善国家标准的不足。

3. 基础标准和方法标准

它们是在制定各类标准时，对必须统一的一些原则、方法、名词术语等做出的相应规定，是制定和实现环境标准，实现统一管理的基础。这类标准如国际标准化组织（ISO）制定的《水质——取样——程序设计导则 ISO5667-1-1980（E）》，我国的《制定地方大气污染物排放标准的技术原则和方法（GB3640-83）》《制定地方水污染物排放标准的技术原则和方法（GB3839-83）》等。

在环境标准体系中，最根本的是要实现国家环境质量标准。它主要通过执行国家级排放标准和特定地区的地方排放标准直接控制各类企业、事业单位污染源的排放量来实现。

环境标准控制污染、保护环境的作用主要表现在以下几个方面：

首先，环境标准是一定时期内环境政策目标的具体体现，是制定环境规划、计划的重要手段。制定环境规划需要有一个明确的环境目标，而这个环境目标就是依据环境质量标准提出的。相应的，制定环境保护计划也需要一系列的环境指标。环境质量标准和按行业制定的与生产工艺、产品产量相联系的污染物排放标准正是能起到这种作用的指标。有了环境质量标准和排放标准，国家和地方就可以较容易地根据它们来制定控制、改善环境的规划、计划，从而也就便于将环境保护工作纳入国民经济与社会发展规划与计划中。

其次，环境标准是环境法规执法的尺度。环境标准是用具体数字来体现环境质量和污染物排放应控制的界限、尺度。违背了这些界限，污染了环境，就是违反了环境保护法。环境法规的执法过程与实施环境标准的过程紧密联系着，如果没有各类标准，这些法规将难以具体执行。

最后，环境标准是科学管理环境的技术基础。环境的科学管理包括环境立法、环境政策、环境规划、环境评价和环境监测等方面。环境标准与它们的关系是：环境标准是环境立法、执法的尺度；是环境政策、环境规划所确定的环境质量目标的体现；是环境影响评价的依据；是监测、检查环境质量和污染源排放污染物是否符合要求的标尺。因此环境标准是科学管理环境的技术基础，是评判环境质量好坏的依据。如果没有切合实际的环境标准，这些工作的效果就很难评定，从而也难以进行环境管理。

三、环境评价系统分析

环境评价实际上是对环境质量优与劣的评定。它是环境评价系统运行的结果。环境评价系统是由环境评价活动和其影响因素（也称环境评价活动的环境）共同组成的整体。环境评价活动是由环境评价主体与环境质量相互作用而成的。就其组成要素而言，环境评价系统一般包括环境评价主体、环境系统的状况（环境评价的客体）、环境评价目的、环境评价准则和环境评价模式等，前两者构成了环境评价活动，后三者则构成了环境评价的环境条件。

（一）环境评价活动

环境评价活动是评价者对环境系统的价值的感知、评判过程。评价主体在环境评价活动起着决定性的作用，通常由环境方面的专家组成，包括科学家和管理学家，必要时也可以将决策者纳入。在环境评价过程中，环境评价主体要完成如下任务：

1. 确定评价目的

确定评价目的就是要明确环境评价是干什么用的。在相同条件下，评价目的不同，其评价结果也不相同，因为评价目的不同，评价的指标体系、评价的价值尺度、评价的时间和空间范围都会存在差异，即使采用相同的评价方法，也不会有相同的评价结果。如环境污染评价与自然灾害评价就是如此。由于目的不同，评价二者的指标体系就不同，从而评价结果就会有差异。为了反映这种差异，通常在评价前明确评价前提，也就是评价目的。

2. 建立评价指标体系

环境评价指标体系是对环境系统价值的高度概括，是用有限的指标去刻画具有无限属性的环境价值系统，因此环境评价指标体系是环境系统价值的“近似”表述。环境标准是环境评价指标体系的一种，主要是针对环境污染评价而设计的。此外，针对生态评价的生态标准和针对自然灾害评价的灾害标准等也都是环境评价指标体系的组成部分。

3. 确定评价指标的权重

权重反映的是评价者的主观价值偏好，也反映各个评价指标所代表的环境价值属性对环境系统总价值的贡献程度的差别。它可以通过主观和客观两个方面来确定。

确定性的评价指标的数值，即给评价指标赋值。

确定环境评价方法进行环境评价。根据环境评价的目的，在众多的环境评价方法中选择一种或几种方法进行评价。如环境指数评价方法、环境经济评价方法、环境生态评价方法、环境社会评价方法等。

在环境评价活动中，评价结论很容易受环境评价主体的影响。如在其他评价要素一定的情况下，评价主体的价值偏好会对评价结果产生重大影响。由于评价者价值偏好的差异，对同一评价指标体系各指标的赋权就不同，对一些定性的评价指标的赋值也存在差异，这些差异会导致不同的环境评价结论。因此在评价过程中，应该建立一套行为规范来约束评价主体的行为，力争克服评价主体的主观价值偏好对环境评价的影响。因此也就需要建立一个良好的评价环境。

（二）环境评价的环境条件

环境评价的环境条件是以环境评价活动为中心体，由环境评价目的、环境评价模式和环境评价准则构成的环境。

环境评价准则包括环境评价指标体系和环境评价模型体系构成，它是环境评价行为的基础。

环境评价指标体系是环境系统价值的近似表述。对于同一环境系统而言，会有多种环境评价指标体系对其内在价值进行度量，所不同的是每个指标体系反映环境系统价值的近似程度有所差异。显然，在评价方法相同时，指标体系与现实环境系统的价值属性越接近，其评价结果就越真实可靠。

类似的，环境评价模型是环境评价过程的近似反映。在评价指标体系一定的条件下，环境评价模型不同，其评价结论也会有所不同。

（三）环境评价模式

环境评价模式由环境评价原则、评价程序、评价体制和评价组织形式等构成。不同的环境问题可能有不同的评价程序，评价程序由评价主体根据环境系统价值的特点和工作习惯进行确定。一旦评价程序确定下来，就不能随意改变。评价体制与评价组织形式由评价主体和委托评价的单位协商确定，可能有多种形式。评价原则是在评价工作中要共同遵守的，对任何评价活动都不例外。通常来说，环境评价要遵守下列四项基本原则：

原则一：独立性原则。该原则要求评价者在评价环境事件、问题时，应始终坚持独立的第三者的立场，不受外界干扰和委托者意图的影响。评价机构也应该是一个独立的社会公正性机构，不属于环境管理部门和环境事件（包括污染事件、生态退化事件和自然灾害事件等）所涉及直接利益的任何一方所有。评价收益只与评价工作量有关。

原则二：客观性原则。该原则是指评价结果应以充分的事实为依据，排除评价过程中的人为影响因素。评价指标体系具有客观性。评价过程中的预测、推断等主观判断应建立在环境系统状态的基础上。评价者应该用公正、客观的态度和方法进行评价。

原则三：科学性原则。该原则是指在评价过程中，必须依据特定的目的，选择适当的环境标准和评价方法，制定科学可行的评价程序和评价方案，使评价结论准确合理。科学性原则包括两个方面，即环境评价方法的科学性和环境评价程序的科学性。环境评价方法的科学性不仅在于方法本身。更重要的是评价方法必须严格地与评价标准相匹配。环境评价标准的选择是以特定评价目的决定的，它对评价方法具有约束力。

在环境评价中，不能用方法取代评价标准，用评价技术方法的多样性和可替代性模糊环境评价标准的一致性，会影响评价结果的科学性。

环境评价程序的科学性是指环境评价程序应以环境评价类型本身的规律性和国家有关法律、政策等为依据，结合环境评价的具体情况来确定。评价程序一旦确定，就应该保持一定的稳定性，不能随意改变。在评价过程中，通过提高环境评价程序的科学性，可以降低评价成本，从而提高评价的效率。

原则四：专业性原则。该原则要求评价机构必须是专业性机构，拥有一支以多学科专家组成的专业评价队伍；评价专家必须有良好的教育背景、深厚的专业知识和丰富的实践经验，这是保证评价方法正确、评价结论公正可靠的技术基础。同时，该原则还要求评价市场有适当的专业竞争，进而使委托者有一定的选择余地，这是确保环境评价公平的市场条件。

（四）环境评价的基本过程

环境评价是对环境系统的价值进行评价的过程，特别是对特定地区出现环境问题的可能性及其可能造成的损害进行定量的评价。它涉及以下几个基本环节：

1. 环境中“问题”因素的风险分析

在环境污染系统中，“问题”因素是指污染源；在自然灾害系统中。“问题”因素是指灾害源，也称致灾因子；在资源与生态系统中，“问题”因素是资源枯竭和生态退化因素。环境“问题”风险分析的主要任务是研究给定区域内各种强度的问题因素发生的概率和重现期。如研究特定区域内各种强度的致灾因子的发生概率和重现期等。

2. 区域承受环境危害能力分析与评价

也称承载体易损性分析。特定区域的环境“问题”因素只有与该区人民的生命、财产及其生存环境相结合，并造成后者产生损失，才能够称为环境（危害）事件。显然，一个环境事件损失的大小，在“问题”因素一定的条件下，取决于区域承受能力。能力越大，损失就越小。因此环境评价的第二环节是区域承受环境危害能力分析。具体包括两个方面：环境影响区域的确定，也称风险区的确定。主要研究一定强度环境“问题”因素的影响范围。如研究一定强度自然灾害事件发生时的受灾范围。

环境影响区域特性评价：也称风险区特性评价。对风险区内主要建筑物、其他固定设备和建筑物内部财产，风险区人口数量、分布，资源与生态环境、区域经济发展水平等进行分析与评价。环境影响区域特性评价包括：承灾体易损性评价、环境的生态脆弱性分析、环境容量分析和环境资源承载力分析等内容。

3. 环境“问题”危害损失评估

主要评估风险区内一定时段内可能发生或已经发生的一系列不同强度环境危害因素给风险区造成的可能或实际后果。例如，对于自然灾害风险评价来说，环境系统分析与环境识别的内容可进一步细化。

第三节　环境对策分析

针对环境问题的严重性和复杂性，人类必然会想方设法来解决。如人们面对自然灾害及其所造成的巨大损失，其自然反应必然是如何通过各种措施防止和减轻灾害所造成的损失；即使损失已成为事实，也会通过各种途径将损失分摊出去，把损失控制在能够承受的范围内。这里涉及两种灾害对策，即减灾对策和事实分摊对策。可见，环境对策是研究人们采取什么样的措施来对付环境问题的一个研究领域。这里主要对人类的社会行为、环境对策的类型和制定方法三个方面进行讨论。

一、人类社会行为分析

人类的社会行为是一个内容十分丰富、构成十分复杂的系统，其中与环境系统关系最为密切的是人类的经济发展行为。人类经济发展行为可以从不同的角度和侧面加以分类和认识。比如，从功能的角度可以分为生产活动、流通活动和消费活动；从技术和管理角度可以分为农业、工业和第三产业活动等。这种认识和分类非常直观，具体而且便于管理，但它无助于对环境系统价值进行认识；从环境与发展的角度看，更关注人类行为对环境的影响以及环境对人类活动的限制。因此，对人类经济行为的分析，应从人类行为的规模、时间与空间范围、类型和层次等方面入手。

（一）人类社会行为的层次

人类是一个高度组织起来的社会。它有自己的目标和意志，它的行为是在意识、观念指导下的行为 。因此层次性是它的基本特定，也是最重要的特点。人类社会的经济活动大体可分为三个层次：

1. 战略层次

具体指经济发展方向的选择和经济结构的安排，是人类社会意志在经济方面的表现，是人类社会行为一个重要的组成部分。这一层次的行为必须与当地的环境质量条件相适应，否则这一行为的执行会造成极大的环境阻力，使原定的目标得不到实现，即使勉强执行下去，其结果是使当地的环境质量恶化，阻碍当地经济社会进一步发展，使发展不能持续。

2. 政策层次

具体指产业或行业部门的平面布局。对一个特定的地区而言，不论其经济发展方向如何明确，其经济结构也绝不能是单一的，就是说各种产业一定要有适当的比例。不仅农业、工业、服务业要有适当的比例，而且在工业中的冶金、化工、建材等也一定要有适当的配比。因此必须在平面上对这些有个布置，即产业布局。产业布局，总有一定的指导思想、原则以及相应的政策。如果在布局中仅仅考虑经济因素而忽视环境因素，不从经济与环境协调发展的角度来进行，则会产生严重的环境问题。如果在区域的上风上水方向，甚至在水源地附近布置对大气和水体有严重影响的工矿企业，从而就会造成了很严重的环境污染问题。

总之，有的政策和管理措施可以使经济布局从环境中取得源源不断的支持，有的则使周围的环境质量日趋恶化。因此这一层次的人类活动应当得到格外注意。

3. 技术层次

只要是经济活动，不论其发展方向选择得如何正确，经济结构如何合理，布局如何得当，它总要消耗环境资源，总是要向环境中排放一定量的废弃物，也就是说总会对环境系统造成影响。因此必须选择先进的生产工艺，选择有效且切实可行的治理措施。这些都属于技术层次。

（二）人类社会行为的时空范围

人类社会行为具有其所涉及的空间范围和活动发展阶段。经济发展活动受环境的影响和其影响到的环境在空间上都是具有一定边界的。有的经济活动的影响范围较小，如一个规模一般的工厂；有的则影响较大，如一个湖泊或流域的开发、大型乃至特大型工程的环境影响等。

影响范围不同的经济活动，其对环境系统的影响也不同。可见范围是人类社会活动的重要特征之一。

人类社会活动不仅具有其特定范围，而且还具有特定的发展阶段，也称发展时序。因为任何一个经济发展活动均是一个过程。通常来说，这个过程大体可划分三个阶段：一是规划阶段；二是实施阶段，包括计划、设计和建设的全过程；三是运行阶段。显然，不同的活动阶段对环境系统会有不同的影响。因此，从环境与发展相协调的角度，不同的阶段应该有不同的环境政策。大体说来，在经济发展活动的规划阶段，把重点放在作好环境规划上；在实施阶段应把重点放在环境影响评价上；而在运行阶段，重点应放在环境监测和治理上。可见，时序是经济发展活动阶段性的表现，也是人类社会活动的重要特征。

（三）人类社会行为的类型和规模

人类的社会活动具有多种类型。通常而且使用最多的分类体系是三次产业分类法。不同的产业与环境的关联程度也不同。

1. 第一产业

第一产业也称第一次产业、第一部门、初级产业，是对自然界存在的劳动对象进行收集和初步加工的部门，通常指生产工业原料或生产不需经深度加工即可消费的产品部门。第一产业包括农业、林业、畜牧业和渔业，也就是通常所说的大农业。

农业是人类生存之本，是一切生产的首要条件，是国民经济的基础。作为社会物质生产的一个部门，农业具有其他生产部门所不同的特点，主要表现在农业是自然再生产和经济再生产有机结合的部门；是具有强烈季节性、周期性、连续性和地域性的生产部门。因为这些特点，使得农业成为与环境关系最为密切的部门。

农业是一种多部门结合的产业，具体包括：

种植业：是一个人工栽培农作物的生产部门。它的种类繁多，包括粮食作物、经济作物、蔬菜作物、饲料和绿肥作物等。它不仅是大农业的基础，而且其分布和发展，对国民经济各部门都有直接影响。因此，种植业又有第一性生产之称。

林业生产：主要生产对象是森林（包括天然林和人工林）。它的生产既取决于自然因素，又取决于社会经济因素。

畜牧业主要对象是饲养动物（畜禽等）。

渔业：包括淡水渔业和海洋渔业。从生产方式上看，渔业又可分为捕捞渔业和养殖渔业两个方面。

郊区农业：以提供蔬菜、副食品满足城市居民需要的农业生产。

2. 第二产业

第二产业又称第二次产业、第二部门、二次产业，指将第一产业的产品进行加工制造或精炼的部门。中国国家统计局划定，第二产业包括：采掘业、制造业、自来水、电力、蒸汽、热水、煤气、建筑业等。这里主要考虑工业与农业等其他物质生产部门相比，工业有其自身的特点：

工业是将农业提供的产品和自然资源进行加工再加工的过程。它主要是物理的和化学的变化过程，还要少量的生物作用和生物工程的过程。

工业生产过程可以划分阶段，这些阶段可以是不连贯的、不依次的，甚至是可以分散在不同地区独立经营。

工业布局遵循微观—中观—宏观进行多因素综合协调发展，其基本趋势是遵循集聚—扩散、不平衡—平衡的格局发展。

3. 第三产业

第三产业又称第三次产业、第三部门、三次产业。指在再生产过程中为生产和消费服务的部门。中国国家统计规定，第三产业分为四大部门：

其一，流通部门，包括：交通运输业、邮电通讯业、商业、饮食业、物资供销和仓储业；

其二，为生产和生活服务的部门，包括：金融保险业、地质普查业、房地产业、公寓事业、居民服务业、旅游业、咨询信息服务业和各类技术服务业；

其三，为提高科学文化水平和居民素质服务的部门，包括教育、文化、广播电视事业、科学研究事业、卫生、体育和社会福利事业；

其四，为社会公共需要服务的部门，包括国家机关、党政机关、社会团体以及军队和警察等。

不同的产业对环境的依赖程度是不同的。产业层次越高，对环境的依赖就越小，其对环境的影响或破坏的程度就越小。

综上所述，人类的社会行为，特别是经济发展行为对应着由层次、范围、时序和类型组成的四维行为空间中的一个点。当然，如果需要的话，还可以增加行为空间的维数。

二、环境对策的类型

在环境保护所面对的环境系统中，存在许多性质或表现不同的现象或事物。为了方便认识环境系统需将这些事物或现象进行分类。具体来说，有三类现象和事物必须研究：一类是相对稳定的事物，它们通常以要素的形式出现，主要有大气、水、土壤、生物资源和矿产资源等；另一类是变动的现象或事物，它通常存在于发展和环境的矛盾之中，并经常以问题的形式出现；再一类是以时间序列为特征，即把要素或问题按时间进行排序。因此，从环境与发展的角度看，人类的环境对策类型，大致可以分为三大类：以要素为导向的环境对策体系：如大气环境对策、水环境对策、土壤环境对策、资源环境对策等；以问题为导向的环境对策体系：如环境退化对策、环境污染对策、自然灾害对策等；以时序为导向的环境对策体系：如预防对策、危机对策、事后对策等。

本节重点说明以时序为导向的环境对策体系。

（一）环境危害事件的预防对策

前已述及，环境危害事件是环境危害因素和人类的生命财产与生存环境相结合并产生损失的事件，其发生是有条件的。这里以环境事件发生为分界线，将人类对付环境事件的过程分为三个阶段，即事件前、事件中和事件后。对于不同的阶段，环境对策的侧重点是不同的。

环境危害事件前的预防对策是人们在预防各类环境事件所采取行动的总和，它是环境对策的重点。环境预防对策包括工程对策和非工程对策两个方面：

1. 非工程对策

非工程对策是环境危害事件发生前人们所采取的各种预防措施的非工程方面，具体包括：事前准备、环境事件的预报和预警等。

事前准备是在考虑环境污染、生态退化和自然灾害等环境事件的危害性之后，事先准备的能够使政府、组织（团体）和个人对环境危害事件做出迅速而有效的措施。具体措施包括制定有效的预防计划、确保一定规模的资源储备、进行必要的人员培训。

损失分摊计划：当一个环境危害事件对局部区域产生破坏作用并造成人们的生命、财产以及生存环境损失时，很可能使该区的经济社会发展呈现不可持续性。因此就有必要依据“有福同享，有难同当”的社会原则，将局部损失分摊到全局中，使受危害区的损失水平降到该区可以承受的水平以保持持续发展的能力。损失分摊的技术途径可分为经济和社会两个方面：经济途径就是保险；社会途径包括：政府救济、国内和国际援助。相比较而言，保险是最有效、可靠的损失分摊途径。损失分摊计划就是在环境危害事件出现前，根据国际和国内的形势，充分利用不同损失分摊途径的优点，选择各种损失分摊途径的组合比例，以备在环境危害事件发生后能够及时地将损失分摊出去。

资源储备水平的保持：为对付环境危害事件，必须事先储备一定数量的物资、装备和人员。在平时，这些储备是没有效益的，但是又是必需的。

人员培训：由于环境危害事件大多为小概率事件，多数人对之缺乏应有的经验和知识。因此必须通过培训来提高人员的素质。培训一般包括两个方面的基本的内容，即技能培训和公共环境意识培训。其基本目的是充分利用国际和国内的现有能力，使有关人员掌握环境危害事件处置的基本知识和基本技能，使每个公民了解与可能的环境危害事件有关的信息，并鼓励公民与政府密切合作，共同创造一个有知识、有警惕性和有自力更生意识和能力的社会。环境的预报和预警是在总结环境系统发生发展规律的基础上，对环境危害事件进行预报或预测，并告知公众可能的灾难性后果和正确的预防措施。在这里，涉及三个术语或概念需要区别，即预测、预报和预警。

预测主要是基于统计学原理，或基于环境系统运动规律的认识，根据过去事件的历史纪录或边界条件去估计同样事件在未来发生的可能性，它通常是长期的。预报是相对认识比较清楚的一种理性判断，并以参与某一环境过程的单个事件的监测、评价为依据。这意味着这个单个事件是可以监测的，常常可以非常准确地确定出即将发生事件的发生时间、地点和幅度。预报是基于可观测的科学事实所做的判断，并不告诉人们在环境危害事件发生时如何去做，它通常是短期的。

预警是发布一种信息以警告公众环境危害事件即将发生并告知公众应采取什么样的措施来减少损失。所有的预警都是以预报或预测为基础的。预报和预警相结合对可通过采取短期行为（例如人员疏散）减少损失的一类危害事件是非常有效的。如，飓风（台风）、龙卷风、洪水等气象水文灾害。

2. 工程对策

工程对策是环境危害事件发生前人们所采取的各种工作方面的预防措施，具体包括生态保护工程、污染防治工程和减轻自然灾害工程等。

生态保护工程：是指人类为防止生态恶化而采取的工程措施。例如对于水土流失的控制除了严格执行国家已颁布的《水土保持法》及其实施条例外，还要采取工程措施和生物措施进行治理。工程措施是治标，应在山坡修建水平沟和水平梯田，在沟谷修建谷坊坝和蓄水塘，关键地段还应以水泥浆砌石块作为骨干坝。生物措施主要是恢复植被，这是治理水土流失的根本措施，要根据山场的立地条件分别种植乔木、灌木或种草，封山育林的山坡严禁放牧。山区的基本农田应是在沟谷和缓坡所建的水平梯田，田边用石块垒砌，留出泄水沟。25 度以上的山坡严禁开荒，并将已开垦的退耕还林或种草。离村较近的山场因烧柴和放牧使植被稀疏，加剧水土流失，可以在近山建设薪炭林等。实施小流域综合治理。

污染防治工程：是人类为了防治环境污染而采取的工程措施，包括大气污染防治工程、水污染防治工程、固体废物处理和利用工程、噪声控制工程等。例如，水污染防治工程就是用各种方法将废水中所含的污染物质分离回收，或将其转化为无害物质，从而使废水得到净化。针对不同污染物的特性，有不同的废水处理方法，特别是对工业废水。这些处理方法按其作用原理大致可以分为四类：一类是物理法，即利用物理作用分离废水中呈悬浮状态的污染物质，而不改变污染物质的化学性质，具体包括沉淀、浮选、过滤、离心、蒸发、结晶等；一类是化学法，即利用化学反应，去除污染物质或改变污染物质的性质，主要方法有混凝、中和、氧化还原等；第三类是物理化学法，即利用物理化学作用去除废水中污染物质，主要有膜分离法、吸附法、萃取、离子交换等；第四类是生物化学法，即利用各种微生物，将废水中有机物分解并向无机物转化，达到废水净化的目的，主要有活性污泥法、生物膜法、生物塘及土地处理系统等。由于废水中的污染物是多种多样的，因此往往需要多种方法结合起来组成污染处理系统，才能达到相应的目的。除此之外，污染处理还充分利用环境净化能力并设法提高环境系统的净化能力。

灾害减轻工程：是人类为对付自然灾害而采取的工程措施，包括环境控制工程、改变致灾因素危险性工程、改变承灾体易损性工程等。一个灾害事件是由致灾因子和承灾体相互结合并造成人类生命、财产损失的事件，其形成具有一定的环境或条件。环境控制工程就是设法消除或减弱灾害事件的形成条件以达到减灾的目的。其主要途径是减少致灾因子与承灾体的相互作用的机会。例如，在沙漠边缘区通过草格固沙、恢复植被等措施来限制流沙与农田、居民点的接触机会；又如，在河流两岸修建设大堤以阻止洪水与人类财产接触从而达到防灾的目的。改变致灾因子危险性工程主要是通过工程措施降低致灾因子的能量强度和能量释放时间，如人工影响天气来减轻灾害性气象因素的危害性；又如通过断层注水、人工爆炸的途径诱发小震，可以使破坏力极大的地震能量分解成若干小震释放出来不致危害等。改变承灾体易损性实质是提高人类社会的抗灾能力，其核心措施是进行经济和社会设施建设时，实施抗灾设计、优质施工、科学运营。

（二）环境危机对策

环境危机对策是指环境危害事件发生时人们的紧急应对对策。通常而言，这一阶段的主要任务是人员营救、财产保护以及处理由于危害事件所引起的直接破坏和其他影响。典型的措施是计划的实施、危机系统启动、搜寻与营救、提供应急食品、住房、医疗援助、调查评估、疏散人员等。其中最主要方面就是实施紧急行动预案。紧急行动预案是政府、有关部门、专业救灾抢险队伍在发生重大环境危害事件时应采取的一整套技术措施、管理办法和行动的指导性方案。

制定紧急行动预案的意义在于使政府在发生重大环境危害事件后能有计划、有准备地应付突发事变、提高救灾组织的指挥效率和整体救灾能力；使各行各业、特别是工业部门和城市生命线管理部门能根据本部门的实际情况实施紧急抢救行动，防止次生灾害和衍生灾害，控制灾情的发展蔓延；使决策者和救灾人员心中有底，减轻救灾人员心理压力，从而做到有章可循，有条不紊，临危不惧，防止消极行动。

1. 紧急行动预案的内容

紧急行动预案主要包括以下内容：

（1）本地区环境危害损失预测；

（2）紧急救灾指挥系统的机构设置、职能和运作方式以及与其他部门和官员的联络方式；

（3）各类救灾队伍的数量、分布、配置和调用方案；

（4）环境危害信息网络的设计与启用、灾情监测与快速评估方法；

（5）紧急通信系统的启用、各类通信设施在紧急情况下的统筹分工、环境危害地区的通信恢复；

（6）交通运输设施及能力的恢复、救灾物资的运输方案、紧急情况下交通运输工具的征用和管制；

（7）工程抢险和生命线的抢救和恢复；

（8）灾民的抢救、疏散、转移和安置；

（9）危险物品的处理与防护；

（10）专业及群众性消防队伍的组织协调、消防器材的配置和调用、军队的武警队伍的调动和任务分配；

（11）救灾物资的储藏和紧急调用；

（12）医疗卫生队伍的调动和任务、抢救危重伤病员和防疫工作的组织；

（13）紧急治安管制的措施及实施办法、群众治安组织和军民联防组织的运作、重要场所的安全卫生。各区域、行业或企业还应根据本身情况制定更具体的紧急行动预案。

2. 国际劳工组织制定的应急预案要点

根据国际劳工组织制定的《重大事故应急控制手册》，要点如下：

（1）区别紧急情况的离别及危险性：列出性存的危险因素，如，自然灾害、易燃气体泄漏引起火灾、有毒物质泄漏、危险性设施等，并分别说明其危害和后果。

（2）紧急状态的处理步骤：

A. 详列公司最高主管的电话、手机、传呼机、传真以及电子信箱的号码。

B. 列出其他有关人士如厂长、科长、维修部、公安、消防等部门主管及重要人员的联络号码。

C. 政府部门及有关部门的联络号码，如，消防队、公安局、交通局等。

D. 成立紧急机构：

a）列明指挥职责和权力，指挥部具有充足的通信器材，人员具有安全防护设施；

b）消防队应了解工厂平面及危险源的分布；

c）明确兼职消防员和安全员的职责。

E. 详细列明员工撤退前应执行的安全操作步骤。

F. 详细列明因事故造成电流和通讯中断破坏时的补救方法。

G. 详细列明各类化学物质和药品的性质和处理、急救方法。

H. 每天记录危险品的存储量，紧急状态时提供给有关人员以便避免连锁反应。

I. 员工撤退的路线和方向、附近工厂和居民撤退的通知方法、时间和方向。

（3）恢复正常操作的步骤：

A. 详细列明员工回到岗位的职权及操作步骤。

B. 善后工作的处理步骤。

C. 依据灾情轻重确定善后处理：

a）重新安装防火系统和应急装置；

b）火、空气、氮、蒸汽的恢复供应；

c）恢复供电；

d）整理环境；

e）找出事故原因再开车恢复生产。

（4）列明个人防护用品的存放地点、数量、紧急情况下的领取方法等。

（5）员工和有关人员平时的训练计划。

（7）紧急状况演习。

（8）定期审定紧急状况的步骤并重新编号，以跟上设备更新和员工的变化。

（9）详细列明紧急状态下员工、工程师、领班、紧急状态处理小组、安全、消防、救护人员等的职权和责任。

（三）环境危害事件发生后的对策

任何环境危害事件必然要对人类的生命、财产和生存环境造成损害，从而导致生产的停顿和社会秩序的混乱。因此，在环境危害事件发生的危机期过后，人们必然开始对环境危害事件影响区进行恢复和重建。恢复是使环境影响区的社会恢复到其环境事件影响前的生活状态，同时为适应环境危害事件造成的变化而作的必要调整提供支持和方便。恢复主要指恢复生产和恢复正常的生活秩序。重建是在恢复一段时间后而采取的对环境影响区的建设措施，主要包括：永久性住宅建设、服务设施的全面恢复、社会生活恢复正常等。这里以自然灾害事件为例说明。在遭受严重的诸如洪水、地震、火灾、台风等自然灾害的破坏，紧急救助告一段落之后，就应该尽快转入恢复重建阶段，使经济生活和社会生活迅速趋于正常。在灾后的恢复重建中，首先要抢修对人民生活必不可少的生命线工程，包括交通干线、通信、供水、供电、供气等，这关系到防止次生灾害，外界援助人员和物资的输入，灾区伤病员的及时治疗和脆弱人群的疏散，灾后生产的恢复，与外界的正常联系以及安定民心等。

其次，在灾民安置和生命线系统恢复告一段落之后，应该立即着手恢复工农业生产，这是全面恢复灾区正常经济生活，增强灾区的自救能力所必需的。应进一步地核实灾情，制定合乎实际的计划。集中人力、物力和财力，恢复重要厂矿的生产能力；恢复工农业生产配套的污染防治工程的功能；对于难以恢复的企业，应视情况分别确定重建、改建或放弃方案等。

第五章　环境管理及政策落实

中国的环境管理政策，已由过去狭义环境管理的思想，向着广义环境管理的思想转化。这一转化，把环境保护确定为中国的一项基本国策，全国人大常委会环境保护委员会改名为资源环境保护委员会得以证实。中国环境管理思想的这种演变，是经过长期探索实践的结果。要在中国这样一个发展中国家研究和实施环境管理，如果离开经济和社会发展、资源开发利用和保护，离开一定历史阶段人们可能用于经济、社会、环境协调发展的资金、技术和人才的实际能力，以及全社会的环境意识和管理水平，几乎是没有意义的。这种环境管理思想的发展观，正是我们研究中国环境管理政策和环境管理学的基本出发点。

第一节　环境管理概述

一、概述

（一）环境管理的概念

狭义的环境管理主要是指控制污染行为的各种措施。例如，通过制定法律、法规和标准，实施各种有利于环境保护的方针、政策，控制各种污染物的排放。广义的环境管理是指按照经济规律和生态规律，运用行政、经济、法律、技术、教育和新闻媒介等手段，通过全面系统地规划，对人们的社会活动进行调整与控制，从而达到既要发展经济满足人类的基本需要，又不超过环境的容许极限的目的。狭义和广义的环境管理，在处理环境问题的角度和应用范围等方面有所不同，然而它们的核心都是协调社会经济与环境的关系，最终实现可持续发展。

（二）环境管理的内容

1. 从环境管理的范围来划分

（1）资源环境管理。主要是自然资源的保护，包括不可更新资源的节约利用和可更新资源的恢复和扩大再生产。为此，要选择最佳方法使用资源，尽量采用对环境危害最小的发展技术，同时根据自然资源、社会、经济的具体情况，建立一个新的社会、经济、生态系统。

（2）区域环境管理。区域环境管理主要是协调区域社会经济发展目标与环境目标，进行环境影响预测，制定区域环境规划等。包括整个国土的环境管理，经济协作区和省、市、自治区的环境管理，城市环境管理以及水域环境管理等。

（3）部门环境管理。部门环境管理包括：能源环境管理、工业环境管理、农业环境管理、交通运输环境管理、商业和医疗等部门的环境管理以及各行业、企业的环境管理等。

2. 从环境管理的性质来划分

（1）环境计划管理。环境计划管理首先要制定好各部门、各行业、各区域的环境保护规划，使之成为社会经济发展规划的有机组成部分，然后用环境保护规划指导环境保护工作，并根据实际情况检查和调整环境规划。通过计划协调发展与保护环境的关系，对环境保护加强计划指导是环境管理的重要内容。

（2）环境质量管理。环境质量管理是为了保护人类生存与健康所必需的环境质量而进行的各项管理工作。主要是组织制定各种环境质量标准、各类污染物排放标准、评价标准及其监测方法、评价方法，组织调查、监测、评价环境质量状况以及预测环境质量变化的趋势，并制定防治环境质量恶化的对策措施。

（3)环境技术管理。环境技术管理主要是制定防治环境污染和环境破坏的技术方针、政策和技术路线，制定与环境相关的适宜的技术标准和标范，确定环境科学技术发展方向，组织环境保护的技术咨询和情报服务，组织国内和国际的环境科学技术协调和交流等，并对技术发展方向、技术路线、生产工艺和污染防治技术进行环境经济评价，以协调技术经济发展与环境保护的关系，从而使科学技术的发展既能促进经济不断发展的同时，又能保护好环境。

二、环境管理的基本手段

进行环境管理必须采取强有力的手段，才能收到良好的效果。主要手段有：

（一）行政手段

行政手段主要指国家和地方各级行政管理机关，根据国家行政法规所赋予的组织和指挥权力，制定方针、政策，建立法规、颁布标准，进行监督协调，对环境资源保护工作实施行政决策和管理。行政手段主要包括环境管理部门定期或不定期地向同级政府机关报告本地区的环境保护工作情况，对贯彻国家有关环境保护方针、政策提出具体意见和建议；组织制定国家和地方的环境保护政策、工作计划和环境规划，并把这些计划和规划报请政府审批，使之具有行政法规效力；运用行政权力对某些区域采取特定措施，如，划分自然保护区，重点污染防治区，环境保护特区等；对一些污染严重的工业、交通、企业要求限期治理，甚至勒令其关、停、并、转、迁；对易产生污染的工程设施和项目，采取行政制约的方法，如审批开发建设项目的环境影响评价书，审批新建、扩建、改建项目的“三同时”设计方案，发放与环境保护有关的各种许可证，审批有毒有害化学品的生产、进口和使用；管理珍稀动植物物种及其产品的出口、贸易事宜；对重点城市、地区、水域的防治工作给予必要的资金或技术帮助等。

（二）法律手段

法律手段是环境管理的一种强制性手段，依法管理环境是控制并消除污染，保障自然资源合理利用，并维护生态平衡的重要措施。环境管理一方面要靠立法，把国家对环境保护的要求、做法，全部以法律形式固定下来，强制执行；另一方面还要靠执法。环境管理部门要协助和配合司法部门对违反环境保护法律的犯罪行为进行斗争，协助仲裁；根据环境法规、环境标准来处理环境污染和环境破坏问题，对严重污染和破坏环境的行为提起公诉，甚至追究法律责任；也可依据环境法规对危害人民健康、财产，污染和破坏环境的个人或单位给予批评、警告、罚款或责令赔偿损失等。我国自 20 世纪 80 年代开始，从中央到地方颁布了一系列环境保护法律、法规。目前，已初步形成了由国家宪法、环境保护基本法、环境保护单行法规和其他部门法中关于环境保护的法律规范等所组成的环境保护法体系。

（三）经济手段

经济手段是指利用价值规律，运用价格、税收、信贷等经济杠杆，控制生产者在资源开发中的行为，限制损害环境的社会经济活动，奖励积极治理污染的单位，促进节约和合理利用资源，充分发挥价值规律在环境管理的杠杆作用。其方法主要包括：各级环境管理部门对积极防治环境污染而在经济上有困难的企业、事业单位发放环境保护补助资金；对排放污染物超过国家规定标准的单位，根据污染物的种类、数量和浓度征收排污费；对违反规定造成严重污染的单位和个人处以罚款；对排放污染物损害人群健康或造成财产损失的排污单位，责令对受害者赔偿损失；对积极开展“三废”综合利用、减少排污量的企业给予减免税和利润留成的奖励；推行开发、利用自然资源的征税制度等。

（四）技术手段

技术手段是指借助那些既能提高生产率，又能把对环境污染和生态破坏控制到最小限度的技术以及先进的污染治理技术等，用来达到保护环境目的的手段。运用技术手段，实现环境管理的科学化，包括制定环境质量标准；通过环境监测、环境统计方法，根据环境监测资料以及有关的其他资料对本地区、本部门、本行业污染状况进行调查；编写环境报告书和环境公报；组织开展环境影响评价工作；交流推广无污染、少污染的清洁生产工艺及先进治理技术；组织环境科研成果和环境科技情报的交流等。许多环境政策、法律、法规的制定和实施都涉及许多科学技术问题，因此环境问题解决得好坏，在极大程度上取决于科学技术。没有先进的科学技术，就不能及时发现环境问题，即使发现了，也难以控制。例如，兴建大型工程、围湖造田、施用化肥和农药，常常会产生负的环境效应，就说明人类没有掌握足够的知识，没有科学地预见到人类活动对环境的反作用。

（五）宣传教育手段

宣传教育是环境管理不可缺少的手段。环境宣传既可以普及环境科学知识，又是一种思想动员。通过报纸、杂志、电影、电视、广播、展览、专题讲座、文艺演出等各种文化形式广泛宣传，使公众了解环境保护的重要意义和内容，提高全民族的环境意识，激发公民保护环境的热情和积极性，把保护环境、热爱大自然、保护大自然变成自觉行动，形成强大的社会舆论，从而制止浪费资源、破坏环境的行为。环境教育可以通过专业的环境教育培养各种环境保护的专门人才，提升环境保护人员的业务水平；同时还可以通过基础的和社会的环境教育提高社会公民的环境意识，来实现科学管理环境以及提倡社会监督的环境管理措施。例如，把环境教育纳入国家教育体系，从幼儿园、中小学抓起加强基础教育，搞好成人教育以及对各高校非环境专业学生普及环境保护基础知识等。

三、环境管理的基本职能

环境管理部门的基本职能，概括起来包括：宏观指导、统筹规划、组织协调、监督检查、提供服务。

宏观指导指加强宏观指导的调控功能，环境管理部门宏观指导职能主要是政策指导、目标指导和计划指导。统筹规划的职能主要包括环境保护战略的制定、环境预测、环境保护综合规划和专项规划。组织协调包括环境保护法规方面的组织协调、环境保护政策方面的协调、环境保护规划方面的协调和环境科研方面的协调。监督检查的内容包括环境保护法律法规执行情况的监督检查、环境保护规划落实情况的检查、环境标准执行情况的监督检查、环境管理制度执行情况的监督检查。提供服务的内容有技术服务、信息咨询服务和市场服务。

第二节　环境管理政策落实

随着国家环境保护工作的不断深入，经过不断探索和实践，我国已经初步形成了自己的环境政策体系，这个体系由三部分构成：一是环境保护的基本方针；二是环境保护的基本政策；三是与这些问题相关。为顺利实施环境保护而制定的其他环境政策，如环境社会政策、环境经济政策、环境技术政策、环境监督管理政策等等。

一、中国环境保护的基本方针

（1）环境保护的“三十二字”方针。“三十二字”方针是指“全面规划、合理布局、综合利用、化害为利、依靠群众、大家动手、保护环境、造福人民”。此方针最早是在1972年中国出席人类环境会议的代表发言中提出的，后于1973年第一次全国环境保护会议上正式确立为我国环境保护工作的基本方针，并在《关于环境保护和改善环境的若干规定（试行草案）》和《中华人民共和国环境保护法（试行）》中以法律形式确定了下来，被认为是我国环境保护工作的指导方针，由于它在我国早期环境保护工作的千头万绪中，抓住了要领，指明了环境保护的工作重点和方向。实践证明，这一方针是符合中国当时的国情和环境保护的实际的，在相当长一段时间内对我国环境保护工作起到了积极促进作用。

（2）“三同步、三统一”的方针。该方针是在1983年第二次全国环境保护会议上提出来的，即经济建设、城乡建设和环境建设要同步规划、同步实施、同步发展，实现经济效益、社会效益和环境效益的统一。这一方针被确定为我国环境保护的基本战略方针，在联合国环境规划署理事会第13届会议上，中国代表作了阐明。同时指出，中国政府在防治环境污染方面，实行“预防为主、防治结合、综合治理”的方针；在自然保护方面，实行“自然资源开发、利用与保护、增殖并重”的方针；在环境保护的责任方面，实行“谁污染谁治理，谁开发谁保护”的方针。这一方针是在总结了环境保护工作经验，结合我国当时的国情，研究环境保护工作的特点和重点及各方面对环境保护的要求提出来的，它指明了当时解决我国环境问题的正确途径，是“三十二字”方针的重大发展，也是环境管理理论的新发展，它已成为现阶段我国环保工作的指导思想和环境立法的理论依据。

“三同步”的基点在于“同步发展”，它是制定环境保护规划、确定政策、提出措施以及组织实施的出发点和落脚点，它明确指出要把环境污染和生态破坏解决在经济建设和社会建设过程之中。“同步规划”实质是根据环境保护和经济发展之间相互制约的关系，以预防为主，搞好“合理规划、合理布局”，在制定环境目标和实施标准时要兼顾经济效益、社会效益和环境效益，要采取各种有效措施，运用价值规律和经济杠杆，从投资、物资和技术方面保证规划落实。“同步实施”就是要在制定具体的经济技术政策和进行具体经济建设项目的工作中，全面考虑上述三种效益的统一，采用一切有效手段确保“同步发展”的实现。

“三统一”的提出，主要用于克服传统的只顾经济效益的发展上，强调整体综合的效益，它是贯穿于“三同步”始终的一条基本原则，也可以认为是各项工作的一条基本准则。

二、中国环境保护的基本政策

20 世纪 80 年代我国制定了“预防为主、防治结合”、“谁污染、谁治理”“强化环境管理”的环境保护三大政策。这三大政策的基本出发点，就是依据我国的国情，根据我国多年来环保工作的经验和教训，以强化环境管理为核心，以实现经济、社会与环境的协调发展战略为目的，走具有中国特色的环境保护道路。

1.“预防为主”的政策

此项政策的基本思想是：把消除污染、保护生态环境的措施实施在经济开发和建设过程之前或之中，从根本上消除环境问题得以产生的根源，从而减轻事后治理所要付出的代价。对我国这样一个经济不发达、生产体系和技术水平都比较落后的国家来说，在提高经济发展的质量上具有很大潜力，把环境保护工作的重点放在预防为主上，不仅是客观需要，而且是切实可行的。“预防为主”的政策主要内容包括：

（1）把环境保护纳入国民经济计划与社会发展计划中去，进行综合平衡。把环境保护纳入国民经济发展总体规划之中，不仅便于使环保工作与经济、社会发展工作有机结合，也为环保工作提供了人力、物力、财力方面的保证。

（2）实行城市环境综合整治，主要是把环境保护规划纳入城市总体发展规划，调整城市产业结构和工业布局，建立区域性“生产地域综合体”，实现资源多次综合利用，改善城市产业结构的比例，改善能源结构，减少污染产生和排放总量。

（3）实行建设项目环境影响评价制度，避免产生新的重大环境问题。

（4）实行污染防治措施必须与主体工程同时设计、同时施工、同时投产的“三同时”制度。

2.“谁污染谁治理”的政策

“谁污染谁治理”政策的基本思想是：治理污染、保护环境是对环境造成污染和其他公害的单位或个人不可推卸的责任和义务，由污染产生的损害以及治理污染所需要的费用，都必须由污染者负担和补偿，从而使外部性费用内化到企业的生产中去。这项政策明确了环境责任，开辟了环境治理资金的来源。但在目前经济还不很发达，技术设备还比较陈旧落后的历史情况下，不能简单地理解为谁污染就治理谁。这是因为：第一，造成了污染，就必须担负治理责任，缴纳治理费用；第二，究竟治理谁，或者说先治谁后治谁，应该由环境管理部门根据环境质量状况，运用区域环境综合防治的理论，经分析论证后确定，其目的是以最小的投资，求得最佳的效益。“谁污染谁治理”政策的主要内容包括：

（1）结合技术改造防治工业污染。我国环境污染，主要来自工业生产。结合技术改造防治工业污染，就是指在对现有工业企业进行技术改造时，把防治工业污染作为一项重要内容和任务，通过采用先进的技术和设备，提升资源能源的利用率，把污染尽量消除在生产过程之中。在拟定技术改造方案时，要尽量以污染物排放量少的新工艺代替排放量大的落后工艺，用无污染、少污染、低噪声、能耗物耗低的新型设备代替污染严重、浪费能源资源的陈旧设备；采用无毒、低毒、低害原料代替剧毒有害原料；采用合理的产品结构，发展对环境无污染、少污染的新产品；采用先进的、效率高的净化设备代替效率低、费用高、占地面积大的净化设施。同时企业还应结合技术改造，开展废弃物的综合利用，技术改造资金要有适当比例用于环境保护措施。充分回收工厂的余热和可燃性气体，实行闭路循环、一水多用等措施提高水汽的重复利用率，尽量把废弃物中的有用物质加以回收或进行深度加工，从而使之转化为新产品。

（2）实施污染物排放许可证制度和征收排污费。对污染物实行总量控制是防止污染进一步加剧的重要措施，控制污染物排放从根本上说就是控制污染源，消除了污染源也就从根本上消除了造成环境污染的根源。所谓污染物排放许可证制度，就是指凡要向环境排放污染物的企事业单位或生产经营者，都必须向环境管理部门申报，并附交各种有关技术资料和文件说明。在申请报告表上填明拟向环境排放污染物的种类、名称、性质、数量、排放方式、排放地点等，环境管理部门根据当地环境容量和质量情况以及经济技术条件等因素，进行综合分析；审查批准、签发污染物排放许可证后，申请者才可向环境排放污染物。我国从 1989 年开始在全国实施这项制度以来，已取得了一些比较成功的经验，是进行环境污染总量控制的一项有效措施。排污收费制度是指凡向环境排污的单位和个人都要缴纳费用，这是体现污染者承担责任的一项重要措施。我国目前开征的主要有超标排污费和排污水费两项。超标排污费是指超过国家标准规定排放污染物，要根据排放污染物的数量和排放浓度，按国务院关于《征收排污费暂行办法》中的规定收取排污费。按国务院规定，征收的排污费，80% 用于污染治理，20% 用于环保业务补贴。

排污水费是指凡向水体中排放污水的单位，均要缴纳排污水费。缴纳排污水费的企事业单位向水体排放污染物超过国家或地方标准规定的，还要同时按规定征收超标排污费，并负责治理。

（3）对工业污染实行限期治理。依据《环境保护法》规定，“对已经造成的环境污染和其他公害，必须做出规划，有计划、有步骤地加以解决……已建成的要限期治理、调整或搬迁。”所谓限期治理，就是各级政府为了保护和改善环境，对所辖区内已经对环境造成了污染损害的企事业单位发布命令采取强制措施限定其在某一时期内，把污染问题解决到规定程度。显然，采取这种强制措施，必须严肃、慎重，必须针对区域的主要环境问题和主要污染源发布限期治理的命令。

3. 强化环境监督管理的政策

强化环境监督管理是三大政策的核心。中国是发展中国家，环境保护既不能像日本那样“环境优先”，也不能像西方国家那样依靠高投资、高技术，只能在当前一定时期内把政策的重点放在强化环境管理上。这一方面是因为通过强化环境管理，可以完成一些不要花费巨额资金就能解决的污染问题；另一方面是因为强化环境管理可以用有限的环保投资创造良好的投资环境，从而提高投资效益。这项政策的主要内容有：

（1）加强环境保护立法和执法。自 1979 年颁布《环境保护法（试行）》以来，已先后颁布了《大气污染防治法》《水污染防治法》《海洋环境保护法》等单项环境保护法律，并在《森林法》《水法》等一系列相关法律中重点强调了环境保护的要求。此外，国务院还发布了《关于环境保护工作的决定》《关于加强乡镇、街道企业环境管理的规定》《征收排污费暂行办法》等 10 多项环境保护法规以及制定了与这些法规相配套的各类环境标准 100 多项。

（2）建立环境管理机构和全国性环境保护管理网络。自 1973 年第一次全国环境保护会议以来，各级政府中都设立了环境保护管理机构，同时还建立了全国性的环境监测网站，环境科研、教育等一系列机构，为环境保护管理提供各种技术和信息的支持。

（3）广泛通过报刊、影视等传播媒介，动员民众参与环境保护的监督管理，普及环境科学知识，增强全民族的环境意识。

三、环境技术政策

环境技术政策是为了解决一定历史时期的环境问题，落实环保战略方针使之达到预期目标，通过调整人与自然环境的关系以及有关的人与人之间的关系，由国家机关制定并以特定形式发布的环境保护的技术原则、途径、方向、手段和要求。简单地说，环境技术政策就是国家制定的有关环境保护技术的具体规定。环境技术政策的表现形式有许多种，但一般分为法定化的环境技术规范（具有法律强制性）和非法定化的环境技术规范。有些经济效益明显的环境技术政策，又叫环境技术经济政策。此外，随着环境技术政策的重要性日益增强，数量日益增多，产生了一种以特定形式或专有名称出现的环境技术政策，如“环境技术白皮书”“环境技术政策”“环境技术政策要点”等，这里仅就这类狭义的专门环境技术政策文件作一介绍。

环境技术政策是进行环境技术管理的基础，是我国环境政策的一个重要组成部分。新中国成立以来，我国制定的环境政策和法规中，都规定了一系列环境技术政策，如1956年国务院颁布的《国有林采伐试行规程》和1973年的《森林采伐更新规程》，就规定了森林采伐方面的技术政策。但长期以来由于存在轻视技术的现象，把技术同政策、法律截然分开，致使制定专门性环境技术政策提不到议事日程，造成我国环境技术政策不系统、不完整、不配套的局面。党的十一届三中全会以后，随着科学技术在国民经济建设中的地位日益提高，国务院及其有关部门相继制定了《环境质量报告书编写技术规定（试行）》（1982年3月）、《污染源统一监测分析方法（试行）》（1982年9月）、《工业污染源调查技术要求及其建档技术规定》（1984年7月）、《关于防治煤烟型污染技术政策的规定》（1984年10月）等。1986年9月，国务院发布了中国科学技术白皮书第一号《中国科学技术政策指南》，共含12个领域的技术政策，《环境保护技术政策要点》是其中的一个重要组成部分。1986年11月，国务院环境保护委员会颁布了《关于防治水污染技术政策的规定》等政策。通过多年的努力，我国环境技术政策正逐步走向专门化、系统化和完整化，日益显示了它特有的重要作用。1992年国务院颁布了《城市绿化条例》《关于我国中低水平放射性废物处置环境政策》，批准了《征收工业燃煤二氧化硫排污费试点方案》，转发了林业部《关于当前乱砍滥伐、乱捕滥猎情况和综合治理措施报告的通知》，发布并全面实施了《排放污染物申报登记管理规定》。1995年国务院颁布了《淮河流域水污染防治暂行条例》，国务院办公厅发布了《关于坚决控制境外废物向我国转移的紧急通知》。2000年，国家环境保护总局完成了《环境空气质量标准》的修订，制定并颁布了《生活垃圾焚烧污染控制标准》等4项污染物控制标准。2001年国家环保总局会同有关部门制定并发布了《印染行业废水污染防治技术政策》《燃煤二氧化硫排放污染防治技术政策》《危险废物污染防治技术政策》。发布、修订了《锅炉大气污染物排放标准》《危险废物焚烧污染控制标准》《生活垃圾焚烧污染控制标准》《造纸工业水污染物排放标准》《合成氨工业水污染物排放标准》《轻型汽车污染物排放标准》《农用运输车污染物排放标准》等污染排放控制国家标准和《饮食业油烟净化设备技术要求及检测技术规范》。2002年，国务院颁布了《排污费征收使用管理条例》。2003年国务院颁布《医疗废物管理条例》；2003年，国家环保总局发布了《环境影响评价审查专家库管理办法》《新化学物质环境管理办法》《专项规划环境影响报告书审查办法》《环境保护行政处罚办法（修正案）》和《全国环保系统六项禁令》5个部门规章。2004年国务院颁布《危险废物经营许可证管理办法》；国家环保总局与有关部门联合制定颁布了《医疗废物管理行政处罚办法》《散装水泥管理办法》《清洁生产审核暂行办法》；国家环保总局制定发布了《环境污染治理设施运营资质许可管理办法》《地方环境质量标准和污染物排放标准备案管理办法》和《环境保护行政许可听证暂行办法》。2005年国务院颁布了《放射性同位素与射线装置安全和防护条例》《国务院关于落实科学发展观加强环境保护的决定》；国家环保总局制定颁布了《建设项目环境影响评价资质管理办法》《废弃危险化学品污染环境防治办法》《污染源自动监控管理办法》《环境保护法规制定程序办法》《建设项目环境影响评价文件审批程序规定》和《建设项目环境影响评价行为准则与廉政规定》。

这类专门性环境技术政策，具有下述特点：从其内容上看，主要包括：规定解决环境问题、保护和改善环境质量的技术原则、途径、方向、手段和要求；规定提倡、发展什么环境技术，限制和淘汰什么环境技术；选择确定环境科学技术的研究内容、研究方向和目标；明确选用环境技术的依据和原则，具有较强的科学技术性和生产实践性。从其产生制定过程看，通常由国家主管科学技术工作的部门组织领导，由科学技术专家和管理人员参加起草，有关内容经过科研和科学论证，最后由国家机关审定通过，颁布实施。从其效力和作用看，它一般不属于环境法规，没有法律强制性，但它们表明了国家在处理这类技术问题方面的原则和态度，具有诱导、约束和协调的作用，专门性环境技术政策一经颁布，各有关部门、各地区都应认真贯彻执行，并结合本部门和本地区的实际情况，把它作为决策的依据。

1. 中国环境保护技术政策的要点

所谓环境保护技术政策，就是指对人类开发利用自然资源保护环境的技术途径、方法和手段所做出的明确具体的技术规定，是协调技术发展、使用与环境保护关系的手段，是环境技术管理工作的依据。我国的《环境保护技术政策要点》，其基本内容有：① 制定环保技术政策的原则与方法；② 制定环保技术政策的步骤和过程；③ 环保技术政策的基本内容。环保技术政策的基本内容主要包括：

（1）区域开发建设中的环保技术政策。我国区域开发的总政策是：区域开发建设要对社会经济发展、资源、环境承载力进行综合平衡，并按“三同步”的原则加以实施。在编制区域规划和城市总体规划时，应同时编制相应的环境规划。在编制区域规划和区域环境规划时，必须进行社会经济发展对环境影响的预测及相应的环境影响评价，促使经济发展和人口增长与资源和环境的承载力相适应。对开发区的矿藏等自然资源和废弃物，应在经济合理的条件下实行综合勘探、综合开发、综合利用与综合防治环境污染的政策。开发区的名胜古迹和自然景观，要严加保护。进行区域开发建设时，必须使所辖区的植被覆盖率达到国家规定的指标。要严格控制从国外引进严重污染环境，又要控制难以治理的原材料、产品、工艺和技术装备，避免国外污染源向我国转移。对区域内的河流湖泊水系，要在水资源评价的基础上编制水域功能规划和水质管理规划，按江河全流域设立水源管理机构，实行全面规划、综合开发与综合治理；统筹全流域的供水、排水、航运、农灌、防洪、发电、渔业和水上娱乐等，切实保护水资源，防治水污染。对区域内所有工矿新建项目，都应在经济合理的前提下采用低消耗、少污染或无害的工艺和装备，其中包括：废物的再利用与处理设备，严格控制产生新污染源。一切开发建设工程都要执行环境报告书的制度。另外，还对城市地下水、矿山、海岸带和海域、森林、草原、沼泽以及半干旱地区的开发，重要的水利和港口工程、海上石油开发工程、陆上石油开发工程都分别提出了技术要求。

（2）工业、交通企业的环境技术政策。我国工业、交通企业今后的发展方向及环境保护的基本路线是：改造落后的生产工艺和装备，提高企业的管理水平，研究和推广资源的综合利用技术及闭路循环工艺，实现废弃物的资源化和无害化。在这样的路线的指引下，针对大气污染的防治主要是解决煤烟型污染危害，其根本途径是着眼于煤炭资源开发利用的全过程，从制定开采、洗选加工、集运分配、燃烧及能源转换、煤炭化工生产直到各个主要环节的资源能源综合利用的技术政策，特别是对危害大气的二氧化硫和颗粒物回收及综合利用的技术政策，把节约和综合开发资源与防治大气污染结合起来。为此，要注意研究和发展煤硫共生矿藏的分选技术；研制和推广新型燃煤锅炉；分期分批淘汰并报废现有煤耗高、热效低、污染重的锅炉和工业炉窑；开发采用脱硫、回收硫的技术和装备；改善天然气的脱硫技术；回收和利用工矿生产中产生的可燃气体；发展高效益、低能耗、少占地、造价低的除尘技术和装备；发展生产操作中和储运中的防尘技术；推广焦化无烟装煤技术，研究和推广汽车尾气净化装置等技术政策，这些在《关于防治煤烟型污染技术政策的规定》中都作了较为详细的阐述。对水体污染的防治，目前我国工业废水与生活污水的比例约为 7 ∶ 3，因此防治工业废水对水体的污染是工业重点。大幅度削减单位产品（万元产值）的耗水量和污水排放量，提升工业用水的重复利用率和循环利用率，回收利用污水中的废物，是控制水体污染和水资源紧张的基本技术路线。同时注意采用下述技术政策：企业应按耗水定额实行计划用水，废水实行清污分流，工艺废水要尽量回用或闭路循环，一水多用，含有重金属、剧毒和环境不易降解的工业废水，必须在厂内处理或闭路循环，严禁稀释达标排放；禁止生产难以降解的洗涤剂；糖厂和酒精厂的糟液，造纸行业的废酸碱，制革行业的铬盐，粘胶纤维生产中的高浓度有机废水，油田开发中的废水，核电站设施的低放射性废液，电镀工业中的电镀废液，铁路洗刷货车、油槽车的有毒有害废水等，都应尽量回收使用。在防治固体废物污染方面的技术政策主要有：对各类固体废物都应妥善处理，因地制宜地加以综合利用，不得倒在江河、湖泊、水库和附近水域；对量大面广的煤矸石、粉煤灰、矿山废渣和工业废渣，要加以综合利用；对含有毒性、易燃性、腐蚀性和放射性的有害废物，首先要综合利用，凡不能利用的，应对产生、收集、储运、无害化处理等环节进行管理，加强固体废物交换和废旧物资回收等技术政策。开发防治污染的新技术主要有：在开发新产品、新技术、新工艺时，必须同时开发防治环境污染的技术；积极研究和发展各种低能耗、高效率、少污染的工艺技术和机电产品；积极研究和开发有利于综合治理污染的组合技术和无害化或少废生产工艺流程等。

（3）城市建设中的环境技术政策。中心环节是根据城市性质和功能确定各阶段的具体环境目标，调整不合理的规划布局，大力加强城市基础设施建设和绿化建设，逐步建立合理的城市生态结构。为此，注意采用下述技术政策：编制城市总体规划与环境规划要同步进行，根据环境规划划定不同的功能区，实行环境质量的分区管理，运用城市生态系统理论，科学地组织城市的社会经济活动，逐步建立、健全合理的城市生态结构；调整工业结构和布局，减少污染源的数量。要对经济效益低、污染严重而又无法治理的工厂企业，限期关、停、并转；限期迁出混杂在生活居住区的扰民严重的污染性工厂和仓库；推广污染物排放总量控制技术和综合防治技术；采用多种治理技术和措施控制大气污染，改善城市环境质量，包括实行热电联产、集中供热、连片取暖，发展煤制气技术、核供热技术、用高浓度有机废水废渣制沼气技术、用烟煤制无烟硫型煤的技术；以及开发地热、太阳能、风能、潮汐能的实用技术等，保护城市水源地，发展城市污水资源化技术。城市污水处理，应推行处理厂与氧化塘、土地处理系统相结合的政策，积极研究和发展污水回用技术；污水处理技术、污灌工程技术和污泥处理技术等；防治城市噪声污染和电磁辐射污染；在生活居住区不得安置产生无线电干扰的射频设备；扩大绿化面积，研究和推广固体废物的处理技术。

（4）保护乡镇农业环境与自然环境的技术政策。目前我国农村正在由小农业战略向以家庭承包为主的多种经营、专业化、从而形成统一商品市场的大农业战略转变，这场重大的社会经济变革，为逐步改善农村生态环境提供了契机。主要技术政策包括：防治乡镇企业对环境造成污染，严格控制乡镇企业从事造成污染严重的生产项目，严禁城市企业把污染严重和有毒、有害产品的生产转移给没有防治能力的乡镇企业；保护和扩大植被，加强水土保护，因地制宜地营造各种薪炭林、用材林、经济林和防护林，发展多种实用的能源技术，普及农村沼气；发展防治土地沙漠化、泥石流和水土流失的技术；研究和建立良性循环的农业生态系统，农业要实行集约经营，资源开发利用要与养护治理并重；结合《中国自然保护纲要》，研究和编制自然保护区、风景区、特殊的地上地下自然景观和珍稀濒危生物物种的保护规划，研究和发展人工繁殖，驯养野生生物物种的技术等。

（5）环境装备的技术政策。由国家主管部门对环境装备，包括环境监测和分析测试仪器、试剂及防治污染的环保设备和材料，进行统一规划，尽快制定产品质量标准和测试技术标准，组织定点化专业生产。在此基础上，采取下述技术政策：环保设备应依据国家标准进行生产；防治污染的环保设备必须与产生污染物的主体设备配套，积极研制防治污染的新材料和急需设备；对于环境监测和分析测试的仪器设备，采用国内研制与国外引进相结合的办法来解决。

2. 防治水污染的技术政策

为了更好地贯彻《环保法》和《水法》，使有限的水资源得到更加合理和有效的利用，国务院环境保护委员会颁布了《关于防治水污染技术政策的规定》。

（1）防治水污染技术政策的依据和原则。法律依据是《环保法》和《水污染防治法》，它所依据的是“七五”环境保护规划目标和2000年的环境保护要求。具体目标是逐步实现流经城市主要江河段水质达到地表水三级标准；城市地下水符合饮用水源水质标准；湖泊、水库根据功能要求分别达到规定的灌溉用水、渔业和饮用水源水质标准；近海海域达到规定的海水水质标准。防治水污染技术政策突出下述原则：一是遵循“谁造成污染谁承担责任”的原则。这一原则既体现在本单位污水处理设施的建设上，也体现在按流域、区域或城市防治水污染设施的建设上；二是在控制污染物排放方面，确定了污染物排放总量控制的原则和制度。对工矿企业而言，通过对工业生产中工艺过程的分析，掌握主要污染物的排放点及排放量，得出污染物流失总量，然后采取相应技术和管理措施，对重点污染源的主要污染物负荷量在污染源内部进行合理削减；对流域、区域或城市范围而言，应根据污染源构成的特点，结合水体功能与水质等级，确定污染物的允许负荷和主要污染物总量控制目标，并把需要削减的污染物总量分配到各个城市、地区的排污单位。

（2）按流域、区域防治水污染的技术政策。国内外的成功实践表明，按流域区域综合防治水污染，是合理、经济、有效的，比分散的单项治理节省投资20% ~ 40%，水质也可以得到明显改善。主要技术政策是：制定流域、区域的水质管理规划并纳入社会经济发展规划；重点保护饮用水源，厉行计划用水、节约用水的方针；流域、区域水污染的综合防治，应逐步实行污染物总量控制制度；允许排入污水的江河段应按受纳水体的功能、水质等级和污染物的允许负荷确定污水排放量和污水排放区；对较大的江河，应按水体功能要求，划定岸边水域保护区，规定相应的水质标准，并在保护区内限制污水排放量；位于城市或工业区附近已被污染的河道，应通过污染源控制、污水截流处理、环境水利工程等措施，促使河流水质得到改善；对湖泊、水库应按其功能要求和相应的水质标准，采取措施防止富营养化发生和发展；对以地下水为生活饮用水源的地区，在集中开采地下水的水源地、井群区和地下水直接补给区，应根据水文地质条件划定地下水源保护区，防治地下水污染，以预防为主，打井应统一规划，防止过量开采地下水，对已形成地下水降落漏斗的地区，特别是深层地下水降落漏斗地区及海水入侵、地面沉降、岩溶塌陷等地区，应严格控制或禁止开采地下水；合理使用化肥，发展生态农业，推广使用高效、低毒、低残留农药，发展以虫治虫、以菌治虫的生物防治病虫害技术，以防止和减少农药对水体的污染。

（3）城市污水治理的技术政策。通过实践表明，在城市排水管网和污水处理厂健全的地区，利用污水处理厂集中处理污水，可省去建造分散治理的水处理设施，节省大约 25% 的建设资金和 50% 左右的运行费用。因此，城市污水治理应采取以下技术政策：城市应制定污水综合治理规划，规划中应综合考虑城市经济发展、水资源数量、污水增长量、水环境目标等因素以及污染物实施总量控制的要求；编制城市排水系统规划，并将其纳入城市环境综合治理规划和城市建设的总体规划；工矿企业污水，除少数远离城镇的大型企业外，其他能排入城市管网的均应逐步过渡到以城市汇水区为单元的区域综合治理；要随着城市的经济发展增加投资，加快城市排水管网和污水处理厂等基础设施的建设；建设城市污水处理厂，应根据远近结合、分期实施的原则进行规划，按污染物排放总量控制目标、城市地理、地质等因素选择厂址和布点，确定建设规模、处理深度和工艺流程；积极开发高效、低能耗和能源部分自给的人工生物处理等污水处理技术，有条件的地方，应考虑采用荒地、废地、劣质地以及坑塘淀洼，建设多种形式的氧化塘污水处理系统；在条件许可的城市，可考虑采用排江、排海技术处理城市污水（但确定方案时要进行可行性研究，并编写环境影响报告书，经专家评审后报当地上级有关部门审批）；同时在缺水地区应积极推行污水资源化，合理利用污水，严防污染等。

（4）防治企业和乡镇企业水污染的技术政策。防治企业水污染的根本途径，是通过技术改造、改革落后工艺和管理，促进节约用水，减少单位产品的排污量。因此，其主要技术政策有：在制定国家和地方经济发展规划时，应重视调整工业结构和布局，减少由于工业结构和布局不合理造成的水污染；通过技术改造，开展综合利用，防治水污染；企业应加强用水的管理，建立和健全用水考核制度，逐步实行按单位产品用水，定额计划用水；逐步实行水中污染物的总量控制，并对各种污染物的性质及其对人体健康的危害程度区别对待，企业内部应实施清污分流；在有条件的地方，应鼓励与其他企业的废水或城市污水合并治理，也可以在企业治理设施中接纳一部分外来污水，工矿企业的废水治理设施应及时转为固定资产；企业应有完善的工业废水监测机制，建立废水排放有关的技术档案；研究和推广高效冷却技术，水循环系统水质稳定的技术，低能耗、低成本的废水处理技术等；建设乡镇的生态工程系统。

3. 环境技术管理及政策

环境技术管理不同于企业或部门的技术管理，它是环境管理的重要内容，它通过制定技术标准、技术规范、技术政策、技术路线、生产工艺等进行环境经济评价，限制人类损害环境质量的生产技术活动，鼓励诸如无废技术、节能技术等一切有利于环境质量的技术，发展对环境损害小而经济效益好的技术，不断提高环境科学技术水平，使人类的技术发展符合生态要求。因此，环境技术管理实质上就是采取各种措施，影响人类的技术活动，以维护和改善环境质量。环境技术管理的作用很大，特别是我国近几年来重视新技术开发，并努力使之用于生产实际，以推动我国工农业生产的发展。然而我国目前工业总产值较低，农业现代化程度也不高，技术装备落后，资源浪费现象严重，排污量大，要改变这种落后局面，一方面要靠技术进步，引进和发展新技术；另一方面就是要靠环境技术管理。只有站在节约使用资源以求取最大经济效益的高度，才能使科学技术的发展既能促进经济社会发展，又能促进环境建设，所以环境技术管理很重要，其作用有：一是协调科学技术的发展与环境保护的关系，依靠技术进步既促进经济建设，又促进环境建设；二是通过技术性手段，限制人类损害环境质量的活动，强化环境管理；三是加强环境技术管理，可促进科学技术的发展，开创新局面。环境技术管理的主要内容，由于涉及国家许多部门的工作（包括环境管理部门），因此包括下述五个方面：

（1）制定环境保护技术政策。有关环保技术政策，从上节环保技术政策要点可以看出，它涉及国家经济建设的方方面面，内容极其丰富，然而，把其中的精髓加以归纳，可得出我国的基本污染防治政策是：

1）以防为主，防治结合，综合治理。实践证明，防治污染工作的重点应当放在造成污染的原因上，应当重视生产过程中消除污染并把它减少到最低限度，而不是专靠在生产过程的末尾搞净化处理。要从制定规划开始，直到建厂、投产、正常运转层层把关，使技术措施与环境管理相结合。如，通过全面规划、合理布局，在生产过程中消除或减少污染，禁止或限制有害产品的生产和使用，鼓励生产耐用的消费品，鼓励采用无污染或少污染的新工艺、新技术、新设备、新材料，合理组织生产，加强技术改造、设备更新、工艺改革等，积极研究设计、生产无污染或少污染的产品等。

2）大力开展综合利用，提高资源的利用率、转化率，减少生产中的排泄物。综合利用涉及许多企业或部门，需要进行全面的经济效益分析，鼓励采用经济效益好、环境效益也好的技术措施。要把综合利用与无害化处理结合起来，因为在进行综合利用时，常常出现由于技术不成熟，或者需要的投资太大，成本太高，或者因量大，用不完，这时就要对污染物进行无害化处理，安全贮存以作后备资源，或采取隔离措施防止污染环境。

3）合理利用环境自净力，将人工治理与自然净化相结合。环境自净力在一定意义上说也是一种资源，但它在一定时空范围内是有限的。利用这种有限资源，可以节省环保投资，但是利用环境自净力，必须十分慎重：一是不同类型的污染物要区别对待，如重金属污染物和难以降解的有机物，通常不考虑采用环境自净，要在企业内部采取闭路循环或净化处理；对耗氧有机污染物则要考虑环境自净。二是把人工治理与利用环境自净力结合起来，组合不同方案，选择最佳方案。三是要依据地区环境特征和各环境要素的自然净化能力，确定经济合理的污染物排放标准和排放方式。

4）分散治理与区域防治相结合。分别单项治理污染，耗资大，效果常不理想。为此，要把锅炉改造、消烟除尘与改变能源结构、集中采暖、供热相结合，把分散的污水处理设施与区域污染防治相结合；工业企业的污染防治应以厂内为主，但也要与区域防治相结合（例如水污染防治，小厂应采用区域集中治理，大中型企业则应以厂内治理为主，但厂内治理到什么程度，则需由区域的减污量来确定），集中与分散治理相结合，力求达到环境效益、社会效益、经济效益的统一。

5）因地制宜，环境效益与经济效益相结合。环境污染的特点之一是具有区域性，因此防治措施效益的好坏，与地区自然环境和社会环境的特征密切相关。地区的人口密度大，经济密度大，污染源密度大，单靠污染防治措施不仅耗费大，且难以奏效，这时就应考虑调整工业布局，减少污染源密度等多项措施。

（2）制定技术规范、标准等技术管理工作。技术规范是对技术工作的程序、内容和方法做出的统一技术规定。环境技术规范、标准以及环境监测方法的标准化，它们是维护和改善环境质量的基本技术手段。各地区、各行业、各部门在制定产品设计标准和设计规范时，都要考虑环境保护要求，使新建厂、新产品的设计、制造、建设有利于改善环境质量。所以制定技术规范、标准涉及的部门较多，因此是一项十分细致的技术管理工作。

（3）预测科学技术的发展。科学技术的发展对人类社会经济的发展起着决定性的作用。从人类社会发展的长远角度来看，人类的经济发展必须与保护环境协调发展。因此，研究现代科学技术的发展方向，不仅要研究其经济意义，还要研究其环境影响。例如，用化学方法合成氮素的技术及其他化肥，曾经使农作物总产量提高 35% 以上，但是化肥生产不仅消耗了许多化石能源（1kg 氮素化肥约需消耗 1m3 的天然气），而且给环境带来了许多危害，特别是富营养化问题。因此在农业技术的发展上，生物固氮技术逐步引起了人们的重视，积极探索各种生物固氮的途径。国外科学实验证明，生物固氮技术发展前景广阔，有试验表明，如果能得到超特性固氮细菌，那么就能使美国目前的大豆生产增产 15%，相当于增加 100 亿美元的大豆产量，节约 20 亿美元的化肥，而且不会给环境造成任何损害。

（4）技术路线的确定和实施。技术路线在工业企业中是保证产品质量的基本措施。生产工艺的环境经济评价，科研新产品的开发，工业生产都需要选择恰当的技术路线。综合分析技术路线的环境影响，是工业企业应该经常进行的环境技术管理工作，也是环境技术管理的主要内容。现在，我国有人提出对生产过程进行环境审计，从环境保护的角度出发，尽可能把废弃物转化为国民经济所需的产品。尽可能利用现代技术，促进传统工艺向生态工艺转化,用生产—回收—资源化新的资源循环技术路线,代替老的生产—使用—报废—排污的路线，组织新兴工业生产路线。

资源循环技术包括两个方面：一是无废技术，二是废弃物无害化处理技术。所谓无废技术，从狭义的观点来说，就是指物质在生产过程中实现原材料的闭路循环；从广义来说，就是指人类利用现代科学技术，充分利用自然资源，使物质能量在生产使用过程中产生的废物最少，达到持续发展生产和保护环境的目的。这样，根据广义思想，开发太阳能、风能均属于无废技术。无废技术是人类节约资源、消除污染的一项战略性措施，是从根本上解决扩大再生产与污染环境这对矛盾日趋尖锐的途径。发展无废技术的总方针是使产生的废物量最小，给社会造成的损失最小，对环境的危害最轻。在这个方针指引下，一切生产过程应尽早减少原料和能量的消耗，尽可能使用无害原料和能量，进行生产工艺过程的改革，改革产品方案，生产原料消耗和能耗少的产品，尽量生产对环境无害、能重复使用的产品，尽量生产耐用品，在生产过程中进行物质与能量的回收生产、闭路循环等。废弃物无害化处理技术，主要指废弃物的资源化，许多工业发达国家把垃圾叫作"城市矿"，一个城市的垃圾堆积起来就是一座低品位的露天矿山。还有些国家实现了垃圾商品化、能源化、资源化，并且利用水平相当高。许多工业废渣可转化成多种原料，如，钢渣就有 20 多种用途，煤渣用途达 40 余种。由此可见，环境技术管理赋予了传统技术路线以许多新的内容，它不仅以产品质量为目标，而且考虑了资源的利用与环境影响，把人类对资源的利用提高到新的水平。

（5）对环境工程技术进行综合评价。这种综合评价的主要意义是：①它是评价环保设施投资的环境效果、社会效果、经济效果的重要手段，是衡量环保设施优劣和适用程度的主要依据；② 它是企业选择治理"三废"方案和防治措施、确定改造方案、编制企业环境规划、调整环保资金使用方向以及制定污染防治技术政策的依据；③ 通过评价，检查环保设施的管理和运行情况，最大限度地提升设施的运转率，降低运转费用，充分发挥环保设施的作用。

四、环境经济政策

环境经济政策是指可以纳入经济范畴的环境政策，它是环境保护工作与经济工作相互交叉、结合的产物，反映了环境保护与经济发展之间的协调关系。环境经济政策，是指运用经济手段特别是运用经济杠杆来解决环境问题，开展环境保护工作。《中国环境保护白皮书》明确指出我国今后一段时间内的环境经济政策和资金投入的方式。

（1）加大环境保护财政投入。"十五"期间，中央财政安排环境保护资金 1119 亿元人民币，其中，国债资金安排 1083 亿元人民币，主要用于京津风沙源治理、天然林保护工程、退耕还林（草）工程、三峡库区及其上游地区水污染治理、"三河三湖"污染治理、污水、垃圾产业化及中水回用工程等。

（2）完善环境收费政策。加强排污费征收和管理，排污费的征收使用严格按照"收支两条线"管理，排污费收入专项用于环境污染防治。

（3）制定有利于环保的价格税收政策。对再生资源回收及资源综合利用，生产环保产业设备的企业，以废水、废气、废渣等废弃物为主要原料进行生产的企业，给予减免税收的优惠政策。严格执行耕地占用税政策，合理利用土地资源，加强土地管理，保护农用耕地。陆续提高煤炭、原油、天然气等矿产品的资源税税额标准，从而进一步保护矿产资源，促进资源的合理开发利用。

要运用经济杠杆，促进企业治理污染。对超过国家标准排放污染物的单位要征收排污费。对“三废”综合利用的产品，要采取奖励政策，按照有关规定，实行减税、免税和留用利润。环境经济政策，是我国环境政策中具有特定功能和重要地位的一类政策，充分发挥这类政策的作用，对推动我国环境保护事业、强化环境管理具有重要的意义。

环境保护与经济发展反映了生产过程的两个不同的方面，它们既有相互促进、互为条件的一面，也存在相互制约、互相矛盾的一面。因此，从客观上就要求在制定环境政策时考虑经济条件和经济政策，在制定经济政策时要考虑环境保护和环境政策，从而必然产生协调这两者间关系的环境经济政策。

环境污染与破坏的产生主要在于开发者或排污者只注意获取近期的、局部的、直接的效益，而忽视了那些长远的、间接的经济损失。因此在一定程度上，可以说保护和改善环境的活动之所以发展不平衡，主要是因为利益分配不公正、不合理的结果。环境经济政策针对这种利益分配力求公正、合理的原则，来处理、协调国家、集体和个人之间、污染者与被污染受害者之间，以及上下左右间的各种经济关系，运用经济手段促使人们关心环保事业，限制那些对环境有害的经济开发活动，对那些肆意破坏资源、污染环境的行为，运用经济手段进行处罚，这就抓住了关键性环节，从而强化了环境管理工作。

我国的环境经济政策是运用环境经济学理论来调节经济环境系统的产物。环境经济政策的基本内容，主要包括：把环境保护规划纳入国民经济发展规划，搞好经济发展与环境保护间的综合平衡；对物质资源进行合理开发、充分利用，把提高资源利用率、转化率，减少废弃物排放作为扩大再生产的主要途径；在经济生产过程中解决环境污染和破坏；运用税收、拨款、信贷、利润、价格、奖金等价值工具来协调人们防治污染、保护环境资源的活动等等。由此可见，中国环境经济政策着眼于运用经济手段来规范人们的行为，力求采用灵活多样的方式来协调经济发展与环境保护之间的关系，以最小的劳动消耗和投资获取最佳的社会、经济、环境效益，从而带领全国人民向生产的深度和广度进军，促使我国经济持续发展。

环境经济政策是强化环境管理、打开环保工作局面的有力武器。用经济杠杆来调节环境保护方面的财力、物力和物力流向，调整产业结构和生产力布局，实施“责、权、利”相结合，国家、集体和个人利益相结合，从而使环境管理落到实处。特别是《中共中央关于经济体制改革的决定》发表后，我国环境管理计划工作的重点，也逐步转移到运用经济政策和价格、税收等经济杠杆，对经济发展和环境保护实行宏观调控的轨道上来，从而使中国环境管理发展到新的阶段。

1. 征收排污费的政策

排污收费是污染者负担原则在污染防治领域的具体化。中国目前实行的征收排污费的政策有超标排污收费和排污水费两项。

（1）排污收费的性质和目的。我国《环保法》明确规定："超过国家规定的标准排放污染物，要按照污染物的数量和浓度，根据规定收取排污费"。因此，在通常情况下，排污者缴纳排污费是履行法律规定的义务，相关管理机关征收排污费是履行法律规定的职责，排污收费性质是一种经济制约措施。然而在特殊情况下，征收排污费也可作为一种法律制裁手段，如根据《海洋环保法》第41条规定，责令缴纳排污费是对违法造成海洋环境损害者的一种行政处罚；根据《水污染防治法》第38条规定，对造成水体严重污染、经限期治理逾期未完成治理任务的企事业单位，征收两倍以上的超标准排污费，同时也具有行政处罚性质。征收排污费的目的在于促进企事业单位加强经营管理，节约和综合利用资源。治理污染，改善环境。排污者缴纳排污费，仅仅是实现污染者负担原则的一种形式，并不免除其应承担的治理污染、赔偿损害的责任和法律规定的其他责任。我国自1982年开始征收排污费以来，已取得了较好的成效。一是开辟了治理污染资金的来源，促进了污染者治理污染的积极性，许多企事业单位由于交纳排污费，提高了他们对防治环境污染的认识，从而加速了防治工业污染的步伐。二是促进了企事业单位的经营和环境管理。不少单位通过加强管理，节约资源、能源，减少原材料消耗，减少跑、冒、滴、漏，从而减少了排污量。三是促进了工业"三废"的综合利用，提升了企业的经济效益和环境效益。四是推动了环境保护部门自身的建设。按国务院关于排污费使用的规定，征收排污费的20%可用于环保业务补助，这笔资金为开展环境监测、环境科研、干部培训等业务提供了重要资金来源。五是促进了新建、改建、扩建单位严格执行"三同时"制度，防止新污染源的产生。目前征收排污费还存在一些不完善、不合理的地方，如征收标准偏低，排放多种污染物的只按一种收费，资金管理和使用方面也不够完善，影响了环保投资效果。为此，国家已提出"强化征收、加强管理、改革使用"的要求。如在《水污染防治法》中，就对《环保法》作了大的改进，该法明确规定："企业事业单位向水体排放污染物的，按照国家规定缴纳排污费；超过国家或地方规定的污染物排放标准的，根据国家规定缴纳超标准排污费，并负责治理。"这表明我国征收排污费的政策已发展到了新的阶段。

（2）征收排污费的标准及增收减收规定。1982年2月国务院公布了《征收排污费暂行办法》。该《办法》规定，对超过规定标准排放污染物的企业单位要征收排污费；对其他排污单位，要征收采暖锅炉烟尘排污费。同时公布了《排污费征收标准》表，包括废气、废水、废渣三个方面。在执行《排污收费标准》时，对工业密集、污染特别严重的个别大、中城市，经国务院环境保护管理部门批准，对收费标准可进行适当调整；排污单位同一排污口有两种以上有害物质时，应按收费最高的一种计算；地方性排放标准增加的污染项目，由省、自治区、直辖市人民政府参照国家《排污收费标准》规定征收标准。

排污收费是促进企业防治污染的一种经济手段。企业超标排污造成经济损失和环境贬值，危害人群健康，因此不允许企业以牺牲环境为代价获取利润。制定排污收费定额不能偏低，否则企业宁可花钱买排污权也不去进行治理，这就决定征收排污费的数量应以能刺激和推动企业防治污染为原则，且实行累进制，超过某一排污限值，收费按一定比例增加。此外，根据地区不同，比如，污染源密度大的地方和密度小的地方，河流的上游和下游，上风向和下风向，收费标准也不同，以便鼓励在一些地方发展工业，在另一些地方不鼓励发展工业，使布局合理。排污收费还要考虑时间因素。排污单位在接到环保部门缴费通知单后的 20 天内，应到指定银行缴纳排污费。逾期不缴的，每天增收滞纳金 0.1%。对缴纳排污费后仍未达到排放标准或拖延时间不积极防治者，从开征后第 3 年起每年按征收标准递增 5%，而且随着经济发展和人民生活水平的提高，会对环境质量的要求越来越高，也将使排污收费标准提高。

（3）排污费的列支和使用。企业单位缴纳的排污费，可从生产成本中列支。提高征收标准的部分，全民所有制企业在利润留成或企业基金中列支；实行“利改税，独立核算，自负盈亏”的全民所有制企业和集体所有制企业，在缴纳所得税后的利润中列支。事业单位缴纳的排污费，先从单位包干结余和预算外资金中开支，如有不足，可从事业费中列支。上述把排污费纳入生产成本，意味着防治污染是企业的必要劳动，该项劳动的成效会影响企业的利润和职工福利。规定提高征收标准的费用在企业可以支配的利润中列支，这实际上是把带有处罚性质的加倍收费与工厂福利、职工收入挂上了钩，直接关系到职工的切身利益。

关于排污费的使用，按国务院规定，主要作为环境保护补助资金，按专项资金管理。环境保护补助资金，由环境保护部门会同财政部门统筹安排使用，要坚持专款专用，先收后用，不能超支、挪用。如有结余，可以结转下年使用。环境保护补助资金，应当主要用于重点排污单位治理污染源以及环境污染的综合性治理措施，也可适当用于补助环境保护部门监测仪器设备的购置。

（4）征收排污水费。征收排污水费的目的是控制污水排放量，节约水资源，减少水污染。这项制度规定，凡向水体中排放污水的单位，均要缴纳排污水费。缴纳排污水费的企业事业单位向水体排放污染物超过国家或地方规定的污染物排放标准者，要同时按规定标准征收超标排污费，并负责治理。由此可见，排污水费的征收，标志着我国的排污收费政策又向前迈进了一步。

2. 征收资源税的政策

合理开发环境资源，使可更新资源能永续利用，节约和合理利用不可更新的资源，使工业布局合理，土地利用效益最佳等，都是环境资源管理的重要内容。

（1）超额使用地下水的收费。任何城市或地区的地下水资源都是有限的，因为各地区地下水的补给来源虽不尽相同，但是在一定时空范围内，它的补给量都是一定的。地下水有一个“可恢复的储量”。如果抽取地下水不超过这个可恢复的储量，就可永续使用；反之，地下水水位就会逐年下降，甚至枯竭，产生地面下沉。地下水的地质结构比较复杂，补给情况也很复杂，因此对地下水的使用应当进行统一规划和管理。企业使用地下水，要按地区特点规定打井深度，要根据其生产规模和工艺条件规定用地下水的定额，超额用水征收水资源税。当然，收费标准要考虑地下水源的丰富程度、地区经济开发情况、人口密度等一系列具体情况。总之要通过征收地下水资源税，迫使企业在规定限度之内抽用地下水。

（2）征收矿产资源税。开采矿产资源会污染环境，引起当地自然景观和生态的破坏，因此采用经济杠杆，保护矿产资源的合理开采和使用，十分必要。有的矿产资源，储量不大且很分散，国家和地方政府投资，不一定能取得较大的效益，如果让个人或集体进行分散的小规模开采，采用征收矿产资源税的办法，可能收益更大。但是必须在确保安全生产的前提下进行，从合理开发和利用资源的角度出发，统一规划，划定开采区类型。

（3）征收土地税和实行土地许可证制度。土地在国外是可以在市场上进行交易的有价资源。在我国，随着国民经济的发展和城市化的繁荣，土地资源越来越少的矛盾日益尖锐，城市企业自主权的扩大，结果许多新建和扩建企业在它们选址布局过程中，主要考虑的是本企业的经济效益，总是力图把厂址选在适于就地取材、交通方便、靠近原有生产基地以得到物质和技术支持，便于管理，很少考虑区域污染源密度是否过大，是否处在生态敏感区，是否超出当地的环境容量等，从而加剧了土地资源不足的矛盾。因此，为保护土地资源，促进工业合理布局，必须运用经济杠杆，确保土地资源的合理开发和使用。要制定全国、城市或地区的生态规划，划定“功能区”，凡不宜建工业的“功能区”，或原工业区污染源密度已超出环境容量限度者，就要对进入本区的新建或扩建企业，抬高征用土地的价格，有时比正常价格高出几倍甚至几十倍，且规定每年还得征收土地税，迫使企业不愿意在这些地方建厂。而对经过生态适宜度分析和全面规划后要求在生态适宜度大的地区建厂的企业，则可降低土地征用价格或不收、少收土地税，甚至采取低息贷款或补贴的办法，鼓励企业到亟待开发的地区去建厂。

许多国家在土地管理中都采用了征税和发放土地许可证的办法。我国第六届人大第16次会议通过的《土地法》规定了“十分珍惜和合理利用土地的方针”以及土地所有权和使用权等一系列相关的土地管理问题。1982年5月国家颁布的《国家建设征用土地条例》更强调“节约土地是我国的国策”，对合理利用土地资源、节约土地作了具体规定。如工程用地必须符合国家有关环境保护的要求，导致土地损失的，用地单位必须进行整治或支付整治费用，并对受害者给予相应的补偿。征用土地应由用地单位支付土地补偿费。征用耕地的补偿费，为该耕地被征用前 3 年平均年产值的 3 ~ 6 倍。国家建设征用土地，用地单位除支付补偿费外，还应当支付安置补助费。利用经济手段鼓励建房少用土地。国家对私人宅基地和单位建筑用地，按土地数量和质量规定等级，按不同等级征收使用税。

3. 奖励综合利用的政策

《国民经济和社会发展第十一个五年规划纲要》指出，各级政府要切实落实节约资源和保护环境的基本国策，建设低投入、高产出，低消耗、少排放，能循环、可持续的国民经济体系和资源节约型、环境友好型社会。要发展循环经济，坚持开发节约并重、节约优先，按照减量化、再利用、资源化的原则，在资源开采、生产消耗、废物产生、消费等环节，逐步建立全社会的资源循环利用体系。加强资源综合利用，抓好煤炭、黑色和有色金属共伴生矿产资源综合利用。推进粉煤灰、煤矸石、冶金和化工废渣及尾矿等工业废物利用。推进秸秆、农膜、禽畜粪便等农业废物循环利用。建立生产者责任延伸制度，推进废纸、废旧金属、废旧轮胎和废弃电子产品等回收利用。加强生活垃圾和污泥资源化利用。

（1）开展综合利用的基本原则和对象。综合利用常常涉及国家许多部门，因此要搞好综合利用，必须打破部门、行业的界限。国家提倡和支持企业，特别是大中型企业实行一业为主，多种经营。国家为鼓励开展综合利用，实行奖励综合利用和“谁投资，谁受益”的原则，实行自力更生，勤俭办一切事业和节约的原则，实行结合技术改造、防治污染、开展综合利用的原则。开展综合利用的对象，主要包括：第一，对自然资源实行综合利用。对矿藏、森林、江河湖海等重要资源，提倡节约和充分利用，不允许滥采、滥伐、滥用，污染、破坏和浪费自然资源，对矿藏资源执行“综合勘探，综合评价，综合开采，综合利用”的方针，把提高矿产资源采选总回收率作为考核矿山企业的主要指标之一。第二，对各种废弃物（包括废能）特别是工业废弃物进行综合利用。要紧密结合企业的技术改造、革新挖潜、防治污染，充分回收利用工厂的余热和可燃性气体；采用清污分流、闭路循环、一水多用等措施，提高水的重复利用率；把废弃物中的有用物质加以分离回收或进行深度加工，使废弃物转化为新的产品；能源消耗大的企业，应当把利用余热、压差、高炉和焦炉煤气以及水的循环利用作为企业改造的主要内容。凡本企业不能综合利用的废弃物，要打破企业、行业界限，免费供应给别的利用单位，其所需运输费用由利用单位承担，所得收益由利用单位获得。对经过初步加工或者排出的“三废”是排污单位的一部分计价资源，除国家有规定者外，应根据综合利用单位受益大于原料供应单位利益的原则，合理收费。第三，对各种废旧物资、物品开展综合利用，搞好废旧物品回收、修理和利用。

（2）奖励综合利用。对再生资源回收及资源综合利用，生产环保产业设备的企业，利用废水、废气、废渣等废弃物为主要原料进行生产的企业，给予减免税收的优惠政策。各级政府可给予适度的奖励。如由企业自筹资金建设的综合利用项目，获益归企业所有，主管部门和行业归口部门不得挪用、摊派费用；对新建综合利用项目的投资，从国家税收、银行贷款等方面予以照顾或优惠。对开展综合利用生产的产品实行税收优惠政策。享受优惠待遇的范围，依据《国家经委关于开展资源综合利用若干问题的规定》中所附《资源综合利用目录》执行。

4. 环境保护经济优惠政策

在市场经济体制下，费用、利润往往对大多数单位和个人的活动起着支配作用，因此对有利于环境保护的活动实行经济优惠，以促进和推动环境保护工作，这比单纯依靠行政命令、法律强制、道德约束、宣传教育更加灵活、有效。事实上，如果一种环保投资只对社会有利，那么企业本身只是一种支付；或者从事环境保护活动，只意味着经济上的吃亏和得不偿失，那就很难想象这种活动能持久地进行下去。优惠政策的实质，就是使那些热心从事环境保护工作的单位和个人，在经济上得到奖励，是对有利于环境保护的必要劳动的社会认可和社会奖励。具体优惠政策有：

（1）实行税收优惠政策。税收是国家参与国民收入分配和再分配，实现其职能，按照法律规定向纳税者无偿征收实物或货币，以取得财政收入的一种方式。制定有利于环保的税收政策，即对某些从事有利于环境保护活动的生产经营者在税收方面实行优惠，而对从事有害于环境保护活动的在税收方面实行限制，通过这种直接影响生产经营者经济利益的方式，使他们的活动符合环境合理的要求。目前我国税收的种类较多，如，产品税、营业税、增值税、关税、所得税和调节税、资源税、农业税、土地使用税、建筑税等等，都可以结合各自的业务或专业内容，对有利于环境保护的活动实行税收上的优惠政策。当然如果实施这类政策，还必须制定具体的优惠办法和条例，要有利于调动群众保护环境的积极性，要严格掌握优惠尺度，有理有节，要把经济优惠同其他环境管理手段结合起来，否则过度的优惠会导致保护落后、保护污染者、转嫁环保责任的结果。

（2）价格上的优惠政策。价格是商品价值的货币表现。在社会主义市场经济机制下，为鼓励企业生产有利于环境保护的产品，可利用价格杠杆的调节作用。

（3）财政援助政策。主要包括国家拨款和财政补贴。国家对环保事业的拨款，在一定程度上决定了环保项目的规模。鉴于保护和改善环境质量状况需要较多的资金，因此国家和地方人民政府通常采取必要的财政措施，合理分配投资额，充分考虑各种投资带来的环保效益。财政补贴是国家财政给予企业生产的特定补助，大多数由价格原因引起的政策性亏损均由国家给予资金补贴。1998 年以来，国家把环境基础设施建设作为国债投资的重点，带动了大量社会资金投入环保。1996 ~ 2004 年，中国环境污染治理投入达到 9522.7 亿元人民币，占同期 GDP 的 1.0%。2006 年，环境保护支出科目被正式纳入国家财政预算。

（4）其他经济优惠政策。包括：银行优先贷款、低息或贴息贷款、减免或全免税收等优惠政策。对防治污染、资源综合利用等这些利于环境保护的项目，给予低息或无息贷款，实行优惠利率，延长还贷期限；在国家收费方面，对有利于环保的活动减免养路费、航道费、诉讼费等税种，同时降低税率；降低环保仪器和设备的进口关税等；在固定资产折旧方面，如调整环保设备的折旧率或改变折旧办法，对环保设备加速折旧等；在福利和奖金方面，提高治污利废行业和环保战线职工的生活福利和劳保待遇等等。

（5）罚款、赔偿与直接管制。对污染事故造成的农田减产、鱼类死亡等，污染者都要赔偿经济损失；对污染严重、长期治理不力或因事故造成严重后果的单位和个人，要给以经济处罚甚至追究刑事责任。罚款和赔偿不同于排污收费，它是对违反环境法规、排放污染物造成严重后果的单位或个人进行的经济处罚。我国环保法规定，对排污单位的罚款与赔偿，由有关环保部门报经同级人民政府批准后执行。直接管制是指政府对在消费阶段造成污染的产品进行的管制，如，对洗涤剂含磷量的控制，对产生污染的企业生产过程进行控制，对个别单位的排污量规定限额，禁止生产、排放某种产品或污染物等。直接管制是排污收费的一种有效补充手段。例如，大气污染受气象条件的影响较大，有时中等浓度的排污在某种不利气象条件下也会酿成污染事故，为此国家需要采用报警措施，当发生这种情况时，所有排污大户都必须停止排污或降低其排污量。

5. 关于环保资金渠道的政策

环境保护资金渠道畅通，是开展环保工作的基本条件，也是一项重要的环境经济政策。1984 年 6 月，城乡建设环境保护部、国家计委、国家经委、财政部等 7 个部委联合发出了《关于环境保护资金渠道的规定的通知》，明确规定了我国环保资金渠道有 8 条：

（1）基本建设项目“三同时”的环境保护投资。要求一切新建、扩建、改建工程项目（含小型建设项目）必须严格执行“三同时”的规定，并把治理污染的资金纳入固定资产投资计划。

（2）更新改造资金中的环境保护投资。要求各经委、公交部门、地方有关部门及企业所掌握的更新改造资金中，每年应拿出 7% 用于治理污染；污染严重、治理任务重的，用于治理污染的资金可适当提高。企业留用的更新改造资金，应优先用于治理污染。企业的生产发展基金也可以用于治理污染。乡镇企业和集体企业治理污染的资金，应在“公积金”“合作事业基金”或更新改造基金中安排解决。

（3）城市维护费中的环保投资。要求大中城市按规定提取的城市维护费，要结合基础设施建设用于正在进行的综合治理污染的工程，如，能源结构改造建设、污水及有害废弃物处置等。

（4）超标排污费。规定对企业征收的排污费，要求有 80% 用于污染源的补助资金。

（5）工矿企业为防治污染而进行综合利用，其利润留成用于环境保护的资金。规定工矿企业为防治污染，开展综合利用项目所生产产品产生的利润，可在投产后五年内不上交，留给企业继续治理污染，从而开展综合利用，而且工矿企业还可向银行贷款。

（6）贷款。主要用于老污染源治理的贷款。根据国家财政情况，提请列入国家长期计划，有计划有步骤地逐项贷款进行治理。

（7）专项资金。此项主要用于防治水污染等方面的专项资金，列入国家长期计划。

（8）环保部门的自身建设经费。我国目前的环境治理经费来源有三方面：第一，国家的财政投入，主要是公益性很强的环境保护基础设施的建设；跨地区跨流域的污染综合治理环境保护的基础科学研究等。政府的直接投资可矫正由经济利益驱使的市场机制行为的缺陷。第二，政府强制下的企业行为。这主要受根据国家有关法律法规、条例以及相关标准约束。环境保护设施的投入及建设应纳入企业的整体规划之中。严格执行“三同时”制度。第三，完善环境保护税收的政策。开征环境保护税；完善现行的资源税；加大税收优惠政策，扶植引导环境无害和环保产业的发展。

除此之外，国家还设立环境保护基金，以重点解决全国迫切需要治理的环境问题。该基金将主要以补贴或投资方式，实行有偿使用，采用委托银行贷款的方式进行。考虑到环境保护是一项全民性的事业，国家积极鼓励个人、集体和企业自筹环境污染治理资金，不足部分，再通过国家环境保护基金中有偿贷款来解决。

五、环境社会政策

环境污染和破坏所造成的环境问题是一个严重的社会问题。剀史（Case）在其所著《社会学》大纲中把社会问题分为四种：自然环境问题、人口问题、社会组织问题和社会理想问题。德国的一些经济学教授还组织了“德国社会政策学会。”由此可见，社会政策就是国家或政党为解决诸如人口、文化、教育、卫生、国民福利等社会问题所采取的政策。环境社会政策则是指那些与环境问题有密切关系的社会政策，它是调整因社会环境问题而发生的社会关系，控制环境和社会发展之间的矛盾，以求得二者协调发展为目的的社会控制对策。因此，环境社会政策具有下述特点：① 环境社会政策表明环境问题不单纯是生产力问题，而且还涉及社会人与人间的生产关系，因而它与社会制度特别是政治经济体制的关系十分密切，这就决定了我国所采取的环境社会政策必须遵循社会发展的客观规律和生态规律，不能脱离四项基本原则。② 环境社会政策是调整社会人与人之间关系的工具，必须坚持环境和社会协调发展的原则。正确处理好国与国之间、国家、集体和个人间的关系，尽可能调动各个方面的人员保护环境的积极性。③ 环境社会政策在于通过各种社会组织、社会教育工具及社会控制管理部门的作用，加强精神文明的建设，提高社会个人特别是生产经营者、管理者的环境保护意识。环境社会政策内容很丰富，如，环境纠纷处理政策、人口政策、环境宣传教育、科学技术工作的政策、民族和宗教方面的环境政策、国际环境政策等等。其中重点介绍我国的人口政策和国际环境政策。

1. 人口政策

我国的人口政策是在研究人口与环境质量相互关系的基础上，从人口与自然资源、环境承载力相适应的要求出发，而制定的人口发展战略和控制对策。人是最大的生产力要素，是开发利用、建设自然环境的主体力量，然而过多的人口和不适当的人类活动，却又是引起土地退化、土地资源枯竭、气候反常、资源破坏、环境污染的首要因素。我国为了解决由于人口激增和过多而引起的环境问题，制定了一系列有利于环境保护的人口政策。如，把计划生育定为我国的一项基本国策，实行“控制人口数量，提高人口质量”的方针，提倡做好人口预测和规划工作，提倡晚婚、晚育、少生、优生，实行对独生子女给予优惠和照顾的政策等。

2. 我国的国际环境政策

它是指我国参与国际环境保护活动、处理与其他国家在环境保护方面关系的原则、措施及有关对策的总称。环境问题是全球性的，正确处理国与国之间在环境保护方面的关系，积极开展这方面的国际合作和交流，是一项重要的社会活动。

我国有关国际环境保护的政策，主要可归纳为以下几方面：

（1）积极开展环境保护的国际合作和交流，维护和促进世界环境保护事业的发展，努力为人类环保事业做更多的奉献。

（2）与世界各国一起，积极寻求防治越境大气污染和酸雨，保护公海和南极洲等人类共同遗产，保护人类环境的办法。我国原则上赞同《联合国人类环境宣言》《世界自然资源保护大纲》《内罗毕宣言》等重要环境保护文件所阐明的国际环境保护原则和对策。

（3）与有关国家一起通过签订双边或多边条约、协议，积极开展国与国之间的环境保护合作，从而解决国与国之间的环境纠纷。

（4）在国际环境保护活动中，我国将始终坚决维护和照顾大多数发展中国家的利益，坚决反对向别国转嫁环境污染。

（5）我国在国际环境保护活动中，坚持独立自主的对外政策，坚决维护我国的环境权益，在平等互利的基础上加强同世界各国的联系和合作。

（6）我国在国际环境保护活动中，坚持对外开放的方针，学习和引进国外在环保方面的先进科学、技术、管理经验和设备。

（7）加强对外贸易工作中的环境管理，防止在不当的外贸活动中引进有毒化学品、病虫害、污染食品等污染和公害，避免因外贸出口不当而破坏我国的森林、野生动植物和物种资源。

（8）凡在我国领域和管辖区域以外排放污染物或进行其他活动，对我国环境造成污染破坏的，我国将依据中国法律和相关国际条约、惯例进行处理。

3. 我国国际环境合作与交流历程及成就

中国重视环境保护领域里的国际合作，积极参与联合国等国际组织开展的环境事务。多年来，中国派高级代表团参与联合国可持续发展委员会历次会议、可持续发展世界首脑会议及其系列筹备活动。中国与联合国环境规划署在荒漠化防治、生物多样性保护、臭氧层保护、清洁生产、循环经济、环境教育和培训、区域海行动计划和防止陆源污染保护海洋全球行动计划等领域开展了卓有成效的合作。中国与联合国联合开发计划署、世界银行、亚洲开发银行等国际组织建立了有效的合作模式。中国积极参与亚太经合组织框架下的各项环境保护和可持续发展活动，出席历次亚太经合组织环境部长会议。

中国参加了《联合国气候变化框架公约》及其《京都议定书》《关于消耗臭氧层物质的蒙特利尔议定书》《关于在国际贸易中对某些危险化学品和农药采用事先知情同意程序的鹿特丹公约》《关于持久性有机污染物的斯德哥尔摩公约》《生物多样性公约》《生物多样性公约〈卡塔赫纳生物安全议定书〉》和《联合国防治荒漠化公约》等50多项涉及环境保护的国际条约，并积极履行这些条约规定的义务。

中国加强和推动与周边国家或相关地区的合作，积极参与区域合作机制化建设，并于2000年签署了《中韩日三国部长联合公报》《中德环境保护联合生命——行动议程》，建立中日韩三国环境部长会议机制，定期进行政策交流，讨论共同关心的环境问题。大湄公河次区域环境合作机制开始启动，并于2005年成功举办第一届大湄公河次区域环境部长会议，提出了次区域生物多样性保护走廊计划等合作项目。东盟与中国（10+1）和东盟与中日韩（10+3）机制下的环境合作开始运行。在中国政府的倡议下，2002年召开了第一届亚欧环境部长会议，通过了《亚欧环境部长会议主席声明》，就开展亚欧环境合作的基础、潜力及合作原则等方面达成基本共识，从而确定了亚欧环境合作的关键领域和重点。近年来，建立了中欧环境政策部长级对话机制和中欧环境联络员会议机制，并于2006年2月召开了中国—阿拉伯国家首次环境合作会议。

中国积极开展环境保护领域的双边合作，先后与美国、日本、加拿大、俄罗斯等42个国家签署双边环境保护合作协议或谅解备忘录，与11个国家签署核安全合作双边协定或谅解备忘录。在环境政策法规、污染防治、生物多样性保护、气候变化、可持续生产与消费、能力建设、示范工程、环境技术和环保产业等方面进行广泛交流与合作，取得一批重要成果。中国还与欧盟、日本、德国、加拿大等13个国家和国际组织在双边无偿援助项下开展了多项环保领域的合作。为配合中非合作论坛的后续行动，中国举办“面向非洲的中国环保”主题活动，于2005年中国与联合国环境规划署共同举办了中非环保合作会议。

第六章　环境保护工作的开展和落实

第一节　新形势下我国生态环境保护工作开展

进入21世纪，我国经济发展水平不断提高，人们的物质生活水平得到显著提升。但是，以往发展过程中，高污染、高耗能的发展方式导致发展中出现了各种环境污染问题，不利于社会的全面协调发展。党的十八大提出了全面、协调、绿色、开放与共享的发展理念，突出了生态环境保护的基本要求，对于社会发展具有深刻影响。本文立足改革发展新形势，探讨新形势下做好生态环境保护工作的基本思路。

一、生态环境保护的基本内涵

生态环境，是由不同类型生态关系组成的，是一个复杂的生态系统，包含了能对人类生产生活与社会经济发展产生深刻影响的水体资源、土地资源、生物资源及气候资源等，需要从数量与质量上进行全面把控。随着现代社会的发展，人们对于生态环境保护有了更加深刻的认识，逐步形成了包括法律、行政、科技、经济及理论宣传等多种手段于一体的保护机制，依托于该机制实现对自然生态组成要素、构成系统与分布区域的有效保护。从基本目标来看，通过对生态环境保护工作的逐步深化，对各种危害生态环境安全的行为进行有效遏制，把自然灾害可能产生的影响降至最低，实现对所有自然资源的科学、合理应用，确保生态环境组成因素能进行良性循环，进而营造安全的国家生态环境，更好地推动经济社会全面、协调、可持续发展。

二、我国生态环境保护工作存在的问题

在全面协调可持续发展战略中，生态环境保护扮演着极为重要的角色，虽然人们对其重要性的认识在逐步提高，但是在具体工作的落实上仍存在许多问题，需要科学分析、正确把握、全面应对。

（一）部门之间的协调、衔接不到位，职能交叉重叠现象较为普遍

在各地重视环境保护的大环境下，设置的行使环境行政管理权的机构比较多，负责统一监督管理的部门与分管部门之间的关系没有充分划分，管理职能在具体实施上相对混乱，需要履职尽责的范围没有明确划分，与其他部门之间的联合执法没有建立起完整机制，导致联合执法效果难以有效巩固。衔接层面问题的存在，不利于生态环境保护政策的落实，更易导致企业环境污染问题的出现，加剧生态环境工作开展乱象的出现。

（二）农村环境保护存在较多问题

在基层农村地区，存在非常多的面源污染，使得农村地区的生态平衡出现了失调；农村畜禽养殖量不断增大，所产生的养殖污染分布较为广泛，以往的规划与管理满足不了环境治理的基本要求；受到经费等因素的制约，环境基础设施建设比较落后；人们的环境保护意识不强，乱排乱放、乱砍滥挖等现象比较严重。

（三）环境监管力度不够，实际监管范围需要进一步拓宽

在环境监管上，相关人员缺乏主动监管意识，很少结合国家环保政策积极作为、创新作为，更多的是疲于应付；监管手段较为落后，对各种新技术、新工艺、新设备的应用度明显不够，需要加大监管力度，拓宽监管领域，提高监管水平。

三、新形势下做好生态环境保护工作的基本思路

（一）加大部门之间的沟通协调，凝聚齐抓共管合力

生态环境保护，是一个非常复杂的系统工程，参与部门多，实际分工细，在国家环保政策落实上环保部门负责统一集中管理。一方面，要站到新发展理念落实层面，强化对自身职责的践行；另一方面，需要结合环境保护基本现状，为政府部门提供科学参考，推动生态环境保护配套政策的出台。深化部门之间的沟通协调，探索多部门综合协调机制建设，调动不同部门力量，将生态环境保护理念融入实际工作中，避免末端管理现象的出现，以往环保部门工作任务多、实际监管压力大的问题才能得到有效解决。立足全面、协调、可持续发展的实际需要，进一步丰富环境保护的基本内涵，推动“大环保”概念的形成，进而由以往单纯注重工业生产造成的污染防治转向防治工业污染和生态环境改善的有机结合，这样就提高了整个社会对环境污染的基本认识，始终从全局层面关注、参与生态环境保护工作。

（二）突出监管与防控对生态环境保护的实际作用

在环境保护当中，基层环保部门承担着非常大的责任，环保工作涉及的层面相对广泛，但是，监管与防控应放到最核心的位置。对于地方环保部门而言，环境监管是重要的职责所在，为此，对于监管范围内的事情应切实管好、管到位。例如，对于建设项目要进行全过程监管，对于污染防治设施要进行监管等；对于协调范围内的事情，应主动介入，加大对不同参与部门的协调力度，应突出与相关职能部门、镇街的沟通联系，一旦发现生态环境污染的苗头，应第一时间制订相应策略，及时将生态环境污染问题消除在萌芽状态。在生态环境保护中，要突出环境执法的基本作用，通过对环境污染行为的执法，彰显法律的权威性，进而发挥法律对于各种潜在生态环境污染行为的震慑作用，有助于更好地保护人民群众的生态环境权益，逐步提高环保部门在社会建设中的地位，对于国家生态环境保护政策的落实具有深刻影响。

在防控生态环境污染上，既要抓好预防，又要做到及时控制。结合以往的生态环境污染问题，突出对新产生污染项目的严格控制，对项目的审批、建设及实际运行要从严把关，突出生态环境安全的指导作用，以此实现对环境风险的全过程监管，这样就从最初始的环节规避了以往法律监管缺失问题的存在，实现了对生态环境污染问题监管的关口前移。对于新项目，从最初的评估开始介入，实现对生态环境污染问题的超前监管，在项目源头建设上广泛听取不同的声音，这样能有效减少漏洞或者失误的出现，从而确保了新项目能满足生态环境保护基本标准要求，从事前、事中、事后实现对项目的全过程监管，将生态环境污染问题监管的压力分散到不同阶段，减轻了事后集中监管的压力。积极组织专项行动、突击检查等，提升实际监管的力度，实现对生态环境污染行为的有力打击。从污染物最终排放总量上进行科学控制，对老污染减少与新污染实际增加基本情况进行精准把握，以此来指导总量控制计划的制订。在地方重点行业结构调整优化过程中，一定要体现总量控制指标的要求，在落后产能的淘汰中把总量给有效分析出来。在各种新建项目的审批中，要抓好总量质量的落实，通过对生产发展的优化，以新代老，实现对排污增长量的科学控制。同时，需要将总量指标与重点企业生产管理结合起来，突出对企业生产经营的指导作用，按照法律法规要求，加快清洁生产速度，实现对总量的有效削减。此外，需要将总量控制指标与综合治理环境污染等的提高相结合，切实把环保工程减排总量落到实处。

（三）突出农村环境保护

随着乡村振兴等一系列战略的实施，生态环境污染问题在基层农村地区表现得尤为严重，整体的环境形势不容乐观。各级党组织、行政机构、企事业单位等应强化生态环境保护责任意识，积极参与生态系统的保护与恢复，切实营造一个人与自然和谐相处的生态环境。对于环保部门而言，要深刻认识到履职尽责的重要性，在“环境评价”与“三同时”等方面进行从严管理，斩断污染转移链条，避免城镇地区环境污染问题向农村地区转移。同时，应树立前瞻意识，引导当地政府部门树立生态环境保护优先的意识，从决策与规划的源头对经济发展与环境保护之间关系进行综合考量，突出规划环评对科学决策的参考指导作用。把生态环境保护与具体治理相结合，加大对各地矿产资源、水利工程、旅游开发等的监管力度，努力防范各种新的破坏生态环境现象的出现，注重自然环境的恢复，对天然植被进行有效保护，加快水土保持生态工程建设。对于农村出现的面源污染问题，要积极制定措施进行治理，突出对农村饮用水源地污染水体的治理，逐步提高水质水平；通过监测力度的强化，推动责任追究制度的落实，以此形成对农村饮水安全的有效保护。加大对生态环境污染的防治、保护的宣传力度，汇聚生态环境污染防治与保护合力，为各项环境保护政策措施的落实营造良好的社会氛围。

四、新时期促进环境保护工作顺利开展的新途径

（一）因地制宜，提高水资源的利用率

随着我国经济水平的提升，污水处理设备也应该有所完善，这需要市政府加大资金的投入力度，利用先进技术做好污水的分解工作。污水厂的建设中，应该秉承着因地制宜的基本原则，将人口的居住情况考虑在内，按照验收标准去建设污水治理厂。一方面，城市施工中的污水治理工作，施工前仔细审核，确保施工现场与水源有着一定的距离，妥善处理各种泥浆废水。针对不同类型的污水，要制定相对应的整治方案，水中含有比较多的悬浮物，利用物理的方法来实施整治工作；生活污水，则是集中排放到污水管道中，统一布置排水沟，废水都必须经过沉淀，合格后才能排放到预定地点。另一方面，农村的污水整治工作，可以是集中处理，也可以是分散处理，在农户相对集中的区域，利用地区优势，将生活污水通过栅井收集在一起，接着通过沼气池来处理，或者是通过生态池塘系统，尽量减少土地占用面积，节省投资。分散处理中，针对一些散户，利用生物滤池，降解污染物。需要注意的是，疫情背景下农村也要做好消毒工作，因为新型冠状病毒存在着粪便传播的可能性，所以在农村污水处理时，向其中适当性地投入缓释氯片，起到良好的消毒作用。

（二）政府宏观引导，开展综合性的大气治理工作

大气环境污染的存在和经济发展有着非常紧密的联系，所以政府在初期规划的时候，一定要考虑到当下企业的工业布局，对距离城市比较近的污染企业实行关停政策，尤其是钢铁这些重工业生产企业，直接影响了附近区域的大气环境，政府要结合当地的发展情况，让企业进行搬迁、转型，减轻对大气污染的危害。气象部门、环保部门也要做好

相应的宣传工作，多渠道科普宣传，积极做好雾霾天气的应对策略，通过政府主导，各部门联动，按照气象部门发布的相关信息，让环保部门对重点企业进行24h监控，呼吁市民绿色出行，减少尾气排放。具体实施的时候，一定要做好三个方面的工作：

（1）政府每天和环保部门积极协调，及时调整预警信息，指导好各地做好相应的预警提醒工作，对于雾霾严重的地区，及时启动应急方案，根据预报信息做好有效的整治工作。

（2）联合执法，环保部门要建立检查组，协调区域的执法人员，监督检查污染环境地区，加强对重型柴油车的检查工作，对于应急工作不到位的单位和个人，实行相应的惩罚。

（3）加强信息的发布工作，借助环保官方网站、微信、微信公众号等平台，及时公布各地的污染情况，宣传给群众一些有效的防护知识，倡导健康出行，为改善环境污染做好充分的准备。

（三）重点做好建筑、交通噪声整治工作

建筑施工会降低居民的生活质量，对此，相关人员要检查好噪声来源，注意更换材料或者是在建筑材料上做出相应的改变和完善，缓解施工中的噪声污染。运用是对施工设备进行定期的检查，避免由于设备本身的问题，而产生更大的噪声，通过吸声、隔音等降噪技术，完善规章制度，对超过施工噪声标准的单位给予必要处罚。相关部门也要通过监理的形式对现场施工设备、场地进行有效监管，例如XX市政工程中，为了避免施工中产生的噪声对居民生活造成不利影响，当地政府发布了《XX市政工程影响建设导则》，提前告知受影响的群体，什么时段施工，占路段多长时间，如何进行调流等提前告诉群众，考虑到附近居民的感受，并采取多项组合的措施，将施工所带来的噪声污染降到最低。而在交通道路的噪声整治中，设置绿化隔离带，提倡共享单车出行，减少汽车出行频率。或者是合理规划道路，降低城市污染所带来的噪声影响，采用分流模式，通常情况下，交通量减少1倍时，道路交通噪声则减少3dB，行车速度减少10km/h。

（四）建立工业园区，实行垃圾分类处理

利用现代技术来建立垃圾工业园，当地政府则是根据垃圾的产生量，成立综合性的加工园，秉承着循序渐进的基本原则，借助不同产业链将垃圾转变成为有效产品，实现协调发展。同时，为了进一步提高居民垃圾分类的意识，社区要组织相应的宣传活动，让志愿者组成志愿小分队，开展垃圾分类的小活动，负责设立“共建绿色城市”的宣传用语，工作人员主动向居民介绍相关的分类小常识。有的工作人员负责发放手册，从垃圾的分类标准、垃圾危害等方面进行综合介绍，从实施效果而言，居民对垃圾分类的知识有了一定的了解，也让绿色、低碳理念深入到群众的内心深处，真正让每个人都养成

了自觉爱护环境的良好意识。除此之外，各个地区都应该根据自身的发展情况，制定垃圾综合整治方案，结合国内外的治理经验，使得垃圾处理工作向全面且系统的方向发展，最大限度地实现生活垃圾可持续治理。

随着社会的发展、人们物质生活水平的提高，人们对于生态环境提出了更高的要求。但是，受到以往高污染、高能耗、粗放型发展理念的影响，很多地方对于生态环境保护的重视程度不够，导致了各种类型的环境污染问题。本文立足新形势，对如何进行生态环境保护进行了探索，深刻认识了基本的防治、保护、治理举措，这对于生态环境整体水平的提升具有重要意义。

第二节　加强生态环境保护督察，落实生态环保工作责任

国务院办公厅于 2019 年 6 月印发的《中央生态环境保护督察工作规定》中明确指出要严格落实生态环境保护督察制度，生态环境保护督察工作也因此逐渐规范起来。本文就当前生态环境保护督察过程中发现的问题展开分析，并根据生态环境保护中的工作责任提出了些许建议，希望对我国生态环境保护工作能够有所帮助。

社会经济的不断发展使得经济发展与环境保护之间的矛盾日益突出，随着可持续发展理念的提出，生态环境的保护逐渐受到了国家的高度重视与社会的广泛关注。为了进一步落实生态环境的保护工作，加强生态环境保护的督察工作是十分必要的，通过生态环保工作责任的落实，让各级政府及相关部门真正重视起生态环境保护工作，这对生态环境保护效果的提升有着重要意义，是我国政府根据可持续发展理念所作出的重大改革。

一、生态环境保护督察中发现的问题

（一）责任落实不到位

生态环境保护责任落实不到位，主要表现为压力传导层层递减，造成各区县和市直各部门对于环保责任的认识不到位，导致上级一直强调、下级动作较少情况的出现。甚至部分地方领导对于人民群众的环境诉讼视而不见，只有当上级下发指令后才会被动地做出些许改革，但实际的改革效果往往不尽如人意。造成上述现象出现的主要原因便是有关生态环保责任的落实不到位，一旦出现问题往往互相推卸责任，对责任的追究与问题的解决造成巨大影响。

（二）环保理念淡薄

虽然目前我国政府已经着重强调了生态文明建设和生态环境保护的重要性，然而许

多地区的领导并没有充分认识到此项工作的重要性，在生态环境保护实际工作上投入精力有限，统筹协调不充分，抓落实的力度不大，表面部署了许多环保措施，但实际得到落实的却很少，仍然将经济的发展视为日常工作的首要目标，没有实现经济发展与环境保护的兼顾。尤其是在经济落后的西部地区，许多人认为大力开发经济建设才是首要任务，而环境保护工作显然不太现实，而一些中东部地区的经济发展由于环境保护而放缓脚步时也出现了些许放松生态环境监管的呼声。由此可知，部分地区有关生态环境保护的决心仍然不够坚定，造成实际的生态环境保护效果不尽如人意。

（三）考核问责手段薄弱

据调查表明，生态环境方面问责工作仅在环保督察进驻期间大范围开展，使得本应该作为推进生态环境保护工作的有效手段变为了一种应付督察检查与平息上级怒火的应急性举措。同时，体现生态文明建设要求的考核评价体系尚不完善，导致一些环境保护工作推进力度不够，工作完成与否不能得到及时反馈和评价，没有形成决策、推进、监督、考核的全链条闭环工作机制。

（四）环境保护的整改缺乏系统性

在生态环境保护督察工作中发现，部分地区平时不作为，遇到问题后才进行紧急处理，整个生态环境保护的整改缺乏系统性。辽宁锦州为解决河流水质恶化问题建设了南站地区污水处理厂改扩建工程，但整改措施中没有管网建设内容，导致进水量严重不足，整改工作没有做到举一反三，此类问题并不鲜见。还有个别地区仅仅对督察中发现的问题进行了整改，却没有进行全方位的优化整改工作，将环境保护整改工作视为了一个强制性的任务，只求可以通过检查，头痛医头脚痛医脚，这显然不符合环境保护整改的初衷，且整改后也极易再度出现新的问题。

二、对待生态环境保护督察应遵循的原则

（一）坚决不回避

对于督察组指出的问题，相关部门应遵循不回避原则对其进行充分分析，找出问题出现的根源所在，并做到从源头处解决问题。一方面相关人员应端正态度，做到虚心接受、照单全收，坚决避免互相推卸责任、淡化转移问题、敷衍了事等现象的出现。另一方面积极采取措施，召开会议，做好整改工作的落实，使得问题得到根本解决。

（二）坚决不含糊

根据督察组反馈的问题将其进行分类细化，责任落实到岗到人，确保每一个问题以

及每一条意见都能得到解决与落实。对于那些可以立行立改的问题应立即进行优化调整;而一些解决起来有着一定难度的问题应深入研究，精准、科学地制定整改方案，并成立工作专班推进整改；至于那些长期遗留下的问题也应积极进行整改，建立长期的整改计划，逐项解决。

（三）坚决不松劲

部分地区的环境保护整改工作存在着虎头蛇尾的情况，使得这种整改方式并不能完全完成生态环境的保护，往往只是解决了表面问题，许多隐患得不到很好的处理，在特定条件下又会引发新问题的出现，这就要求相关部门在进行问题的整改时必须坚持不松劲原则，标本同治，在整改目标问题的同时对与其相关的部位进行检查优化，这对未知隐患的消除发挥着重要作用。

三、生态环保责任工作落实方案

（一）指导思想

全面贯彻落实习近平总书记有关生态文明建设与可持续发展理念，将“提气、降碳、强生态、增水、固土、防风险”作为总体思路，全面落实生态环保工作，并将责任落实到岗到人，从而使其得到各级政府和相关部门甚至全国人民的重视。

（二）工作目标及重点任务

1. 水污染问题的治理

水是生命之源，有关水污染问题的治理也是生态环保工作中的重要环节，其中最常见的污染来自污水直排。对此，除了要加强企业污水排放的监管外，还要加快推进污水处理厂建设，增加污水处理能力，并加强现有污水处理厂和工业园区污水处理设施运行监督管理，确保达标排放。

2. 大气污染的治理

大气污染同样是环境保护中的重点，有关大气环境的治理首先就是对燃煤锅炉和窑炉进行综合治理，尽量减少燃烧过程中污染物的生成；其次是推进低矮面源污染治理和VOCs排放企业整治。最后是全力推进碳排放权交易，从而实现空气质量的改善。

3. 土壤污染的治理

确保污染地块安全利用率达到100%。完成重点行业企业用地高风险地块补充调查，实现土壤污染状况详查成果应用。同时推进垃圾焚烧发电厂的建设，减少垃圾填埋带来的土壤污染风险。

（三）相关要求

首先要严格落实排污许可制度，要求各企业必须办理排污许可证，并严格按照规定要求进行污染物的排放，做到依法排污，对落后排污工艺设备进行更换，从而最大程度上减少污染物对环境造成的影响。其次企业要建立自行监测制度，根据排污标准进行自行监测，并主动公开监测信息，自觉接受社会的监督。再次要实行清洁生产原则，人类的生产活动难免会产生污染物，对此企业应遵循清洁生产的原则，积极引入先进生产技术，从根本上减少污染物的产生，对环境的改善有着很大帮助。需要额外注意的是企业必须建立污染物排放责任制度，将责任落实到个人，从而保证污染物处理的每个环节都能按照要求进行。

四、落实生态环保工作责任的对策及建议

（一）扛起生态文明建设的政治责任

要想更好地落实生态环保工作，就要进一步加强生态文明建设，深入贯彻协调、绿色的发展理念，将生态文明建设视为自身的政治责任，坚持“绿水青山就是金山银山”的观点，大力推动经济结构的转型升级，将生态文明建设视为发展的重要目标，扛起生态文明建设的政治大旗，这也是新时代对生态环保工作提出的新要求。此外，基层工作人员作为环境保护工作的直接执行者，为了进一步提高生态文明的建设效果，加强基层工作人员对生态文明建设的认知是十分重要的，各相关部门可以对积极响应保护生态环境的职员进行嘉奖表彰，以此来激励其他员工的参与积极性，树立基层员工的政治责任意识是落实生态环保工作责任的有效方法之一。

（二）深化生态环境保护督察工作

要深入贯彻落实《中央生态环境保护督察工作规定》，加强生态环境保护督察工作的法制化建设，并结合地区实际对督察重点进行适当的调整，将督察重点放在根本问题的发现与解决上，避免治标不治本情况的出现。在实践中不断完善生态环境保护督察工作流程，实行以督察为常态的工作模式，对于那些整改成效不明显的地区要适当加大督察力度，如适时开展“回头看”或进行某些领域的专项督察等，在被督察地区营造紧张的氛围，从而达到环境保护的目的。

（三）系统地整改环保督察问题

目前环保督察的过程中还存在些许问题，导致实际的环保督察环节存在漏洞，对此各级政府必须重视生态环境保护督察问题的整改，依照法律法规统筹兼顾推进环保督察

工作的完善，并根据问题的轻重缓急与解决问题的难易程度制定系统性整改方案，明确整改目标与责任单位。另外，还要重视人民群众的举报与建议，根据民众的反映进行着重调查，当确保问题解决后还应不定时进行再排查，避免反弹现象的出现，最终切实优先地解决人民群众周边较为突出的环境问题，这也是当今社会以人为本理念的具体表现。

（四）建立生态环境保护责任制

责任的落实永远是问题解决的关键方法，对此我国需建立生态环境保护责任落实考核制度，根据不同地域的实际环境来制定不同的标准，加强环境保护的同时尽量节省自然资源，严格落实企业的主体责任与政府的监管责任，只有做好责任落实工作，才能全面保证生态环境相关政策的落实。目前，我国出台的《中华人民共和国环境保护法》等法律法规都可为责任的追究提供法律理论，建立生态环境保护责任制并实行公开透明的问责机制，对环境保护效果的提升有着重要意义。

加强生态环境保护督察，落实生态环保工作责任对我国环境的保护以及可持续发展有着很大帮助。所以有关生态环境的保护工作应引起各级政府以及各个企业的广泛关注与高度重视，政府在加强生态环境保护督察的同时要注意将环保工作的责任落实至个人，企业则需积极响应国家号召，自觉建立监测机制并积极配合监察部门的检查工作，实现监测过程的透明化。生态环境的保护工作是一场持久战，需要全体人民的共同努力，这也是新时代全体中国人民面临的新的挑战。

参考文献

[1] 步秀芹等 . 广西环境保护和生态建设“十三五”规划 [M]. 南宁：广西人民出版社，2018.12.

[2] 程亮，陈鹏等 . 中国环境保护投资进展与展望 [M]. 中国环境出版集团，2020.08.

[3] 崔桂台 . 中国环境保护法律制度 [M]. 北京：中国民主法制出版社，2020.04.

[4] 韩耀霞，何志刚，刘歆 . 环境保护与可持续发展 [M]. 北京：北京工业大学出版社，2018.06.

[5] 冷罗生 . 当代环境保护问题的法律应对 [M]. 北京：知识产权出版社，2019.09.

[6] 李道进 . 环境保护与污水处理技术研究 [M]. 文化发展出版社，2020.07.

[7] 梁志峰，唐宇文等 . 生态环境保护和两型社会建设研究 [M]. 北京：中国发展出版社，2018.12.

[8] 龙凤，葛察忠，高树婷等 . 环境保护市场机制研究 [M]. 中国环境出版集团，2019.12.

[9] 鲁群岷，邹小南，薛秀园 . 环境保护概论 [M]. 延吉：延边大学出版社，2019.05.

[10] 陆浩，李干杰 . 中国环境保护 形势与对策 [M]. 中国环境出版集团，2018.02.

[11] 罗敏 . 生态文明与环境保护 [M]. 上海：上海科学技术文献出版社，2021.10.

[12] 罗岳平 . 环境保护沉思录 [M]. 中国环境出版集团，2019.01.

[13] 孟思含 . 环境保护与健康卫生 [M]. 北京：人民美术出版社，2021.02.

[14] 聂菊芬，文命初，李建辉 . 水环境治理与生态保护 [M]. 吉林人民出版社，2021.09.

[15] 宋海宏，苑立，秦鑫 . 城市生态与环境保护 [M]. 哈尔滨：东北林业大学出版社，2018.06.

[16] 王佳佳，李玉梅，刘素军 . 环境保护与水利建设 [M]. 长春：吉林科学技术出版社，2019.05.

[17] 王平，徐功娣 . 海洋环境保护与资源开发 [M]. 北京：九州出版社，2019.01.

[18] 王月琴，李鑫鑫，钟乃萌 . 环境保护与污水处理技术及应用 [M]. 文化发展出版社有限公司，2019.06.

[19] 谢云成 . 基于可持续发展的环境保护技术探究 [M]. 中国原子能出版社，2019.07.

[20] 徐静，张静萍，路远 . 环境保护与水环境治理 [M]. 长春：吉林人民出版社，2021.07.

[21] 徐婷婷 . 中国农村环境保护现状与对策研究 [M]. 长春：吉林人民出版社，2019.11.

[22] 赵鹏 . 农业资源利用与环境保护 [M]. 北京：中国农业出版社，2021.10.